高等学校生物工程专业教材

分子生物学实验指导

靳远祥　主编

中国轻工业出版社

图书在版编目（CIP）数据

分子生物学实验指导 / 靳远祥主编. -- 北京 : 中国轻工业出版社, 2025. 1. -- ISBN 978-7-5184-4827-2

Ⅰ. Q7-33

中国国家版本馆 CIP 数据核字第 20249NP767 号

责任编辑：巩孟悦
策划编辑：马　妍　　责任终审：许春英　　封面设计：锋尚设计
版式设计：砚祥志远　　责任校对：吴大朋　　责任监印：张京华

出版发行：中国轻工业出版社（北京鲁谷东街 5 号，邮编：100040）
印　　刷：三河市万龙印装有限公司
经　　销：各地新华书店
版　　次：2025 年 1 月第 1 版第 1 次印刷
开　　本：787×1092　1/16　印张：8
字　　数：190 千字
书　　号：ISBN 978-7-5184-4827-2　定价：28.00 元
邮购电话：010-85119873
发行电话：010-85119832　010-85119912
网　　址：http://www.chlip.com.cn
Email：club@chlip.com.cn

221347J1X101ZBW

前 言

分子生物学是研究核酸、蛋白质等生物大分子的结构及其在遗传信息和细胞信息传递中的作用规律和相互关系的交叉学科，从广义上讲，蛋白质、核酸等生物大分子的结构和功能研究都属于分子生物学的范畴。当人们认识到同一生物不同世代之间的连续性是由生物自身所携带的遗传物质所决定的之后，人类开始从分子水平上真正揭开生物世界的奥秘，并由被动地适应自然界转向主动地改造和重组。科学家为揭示这些遗传密码所进行的努力就成为人类征服改造自然界的一部分，而以生物大分子为研究对象的分子生物学就迅速成为现代生物学领域里最具活力的学科。

分子生物学的发展为人类认识生命现象带来了前所未有的机会，也为人类利用和改造生物创造了极为广阔的前景。分子生物学技术日新月异，发展迅速。但所有高深的分子生物学技术都是建立在实验基础之上。本书根据分子生物学教学大纲的要求，依托浙江工业大学生物工程学院学科发展特色，结合教师的科研经历编写。全书共七章，介绍了实验室基础知识、实验样品的保存处理及实验室工作人员的基本素质与行为准则，分别以细菌细胞、酵母细胞、哺乳动物细胞以及腹腔巨噬细胞作为研究模型，设计分子生物学基础实验，通过这些基本实验技术的操作，循序渐进掌握分子生物学基本实验技术和实验技能，从而具备独立开展原核生物和真核生物分子生物学课题研究的能力。

本书编写人员均为浙江工业大学生物工程学院从事一线科研和实验教学的老师，主编为靳远祥教授，参编人员为胡青莲、王彩红、朱廷恒。所编写的实验内容既包括目前已经应用于本科生实验教学的内容，也包含有研究生部分课题的实验项目。所有的实验项目均是实践过的成熟实验技术。非常感谢参与本书素材收集与文稿整理工作的课题组的研究生鲁卓婷、徐礼旺、李婧瑜、冯佳宇、王彤、黄晓雨、贺英、楚楚、方利娅和姬祥。

本教材适用于高等学校生物工程、生物技术、生物科学等专业分子生物学实验技术的教学，也可作为相关专业研究生或相关领域研发人员的参考书。本书是全体编写教师共同努力的结晶。编写过程中我们力求准确和实用。但是，鉴于该书专业性和实践性较强，受知识和能力所限，难免会出现不足和错误之处，真诚希望各位读者提出宝贵的意见和建议。

编者

2024 年 5 月

目　录

第一章 实验室基础知识

CHAPTER 1

一、实验室维护

实验室是实验教学和科学研究的场所。所有实验室工作人员和进入实验室的人员必须遵守实验室的规章制度，保持安静，不要制造噪声，创造安静有序的实验环境。

实验时应穿工作服，实验结束后，清洁器材和工作台，彻底清洗玻璃仪器、离心管等实验物品。实验中使用的仪器是否干净，直接影响实验结果。仪器污染往往会造成较大的实验误差，甚至导致实验失败。分子生物学实验比一般化学实验对仪器清洗有更高的要求。这是因为在分子生物学实验中，蛋白质、核酸和酶等出现微量杂质就会对结果产生很大的影响。同时，分子生物学实验对许多常见污染物非常敏感，如金属离子和有机残留物，因此彻底清洁仪器非常重要。

玻璃器皿的清洗一般可选用市售的洗涤剂。洗衣粉、洗洁精、去污粉可用于一般去污；强酸、强碱、尿素可用于去除蛋白质、核酸；铬酸洗液可用于去除血浆等。若仪器内壁含有难溶物质，可根据附着物性质选择洗涤剂，如附着物为酸性物质，可选用碱液洗涤；若附着物为碱性物质，可选用稀盐酸或稀硫酸洗涤。洗涤时通常先水洗，再用洗涤剂洗，再次水洗并用蒸馏水洗，洗涤应少量多次，玻璃仪器洗涤干净后附着水膜均匀，既不聚成水滴，也不成股流下，干燥后无水痕。

石英和玻璃比色皿的清洗不可用强碱，因为强碱会侵蚀抛光的比色皿。可用洗液或1%~2%去污剂洗涤，大量蒸馏水漂洗干净，第一次使用塑料器皿时可用8mol/L尿素清洗，使蛋白质变性，再依次用蒸馏水、碱溶液和蒸馏水清洗，乙二胺四乙酸（EDTA）去除金属离子，最后用蒸馏水彻底清洗，后续每次使用可只用去污剂洗涤，自来水冲洗，蒸馏水漂洗。

二、实验基本要求

实验前应认真做好实验准备工作，包括基础理论知识的掌握和实验基础技能的掌握。实验中要严格遵守操作规程，仔细观察，认真记录。实验后清洁卫生，回顾实验进程，分析处理实验结果。

实验前的准备工作还包括试剂、仪器的准备，实验方案的设计等。在充分理解实验原理的基础上，改良实验方案，提高实验效率，对可能的实验结果及实验现象进行预判，并思考可能的解决方法。实验前的准备工作，争取一步到位，有计划地合理安排时间，在有限的时间内有效地完成更多的工作。分子生物学实验设计一般需要注意以下几点。

（1）实验分组要有标号。

（2）实验可重复。

（3）控制单变量　除待研究变量外，其他无关变量应一致。

（4）通常要设置对照实验　根据具体实验，设置对照类型。

①空白对照：对照组不作任何因素处理。

②自身对照：对照和实验都在同一受试对象上进行。

③相互对照：不单设对照组，而是几个实验互为对照。如不同温度对酶活力的影响。

（5）通常也须进行平行实验，平行实验可以考查实验方法及操作的稳定性，排除偶然性，降低误差，使结果更真实可靠。如摇瓶发酵实验中，摇瓶需要做多组平行，避免出现因各瓶菌体生长差异导致的活力差异，或因其中一瓶染菌和转接收菌过程中倾洒产生意外，而延缓实验进程。

三、仪器设备使用要求

1. 微量移液器使用注意事项

微量移液器为生物实验中常用仪器，是生物实验的基础，其使用过程中应注意以下方面。

（1）改变移液器的量程时应自大调至小。由小调大时应多调 1/3 圈再反调至设定值。移液器使用结束后应将量程调至最大值。

（2）更换移液器应进行预洗，用于有机溶剂时最好预洗 2~3 次。

（3）吸液时应垂直吸取，避免因仪器倾斜导致移液不准确。操作移液器要平稳、缓慢，释放按钮时不可过快，以免液体流入吸液杆内。如吸取甘油时，取液量过快难以吸取，取液量不够。

（4）吸嘴内尚存样品时切勿将移液器平放或倒置，防止液体流入吸液杆内。

（5）使用了强酸或其他腐蚀性溶剂后应将移液器拆开，蒸馏水清洗活塞或密封圈，干燥后再组装。

（6）微量移液器有不同的移液范围，按取样范围上限取样，溶液易吸入吸液杆；用其下限取样，多次使用弹簧易失效；超过量程极易损坏精度，且不能再回复到原来位置。

2. pH 计使用注意事项

pH 计使用时要注意内充液是否充足，过少应及时注入；测量时应考虑温度对 pH 的影响，使被测溶液的温度与标准溶液的温度一致或接近，并尽可能选用带温度补偿的pH计。pH计有多种类型，且使用步骤不同，但校准方法均采用两点校准法。选择两种标准缓冲液：一种是pH 7.0标准缓冲液，另一种是pH 9.0标准缓冲液或pH 4.0标准缓冲液。首先用pH 7.0标准缓冲液定位电极，然后根据待测溶液的酸碱度选择第二个标准缓冲液，如果待测溶液为酸性，应选择pH 4.0标准缓冲液；如果待测溶液为碱性，则使用pH 9.0标准缓冲液。校准结束后，对于频繁使用的pH计，可以不用每次使用前都校准，校准次数取决于试样、电极性能以及对测量精度的要求，但若遇到下列情况，仍需要重新校准。

（1）所测溶液温度与标准溶液温度相差过大。

（2）电极在空气中暴露时间较久。

（3）测量酸性或碱性较强的溶液之后。

（4）测量浓度较高的有机溶液之后。

测量完毕后，电极用蒸馏水冲洗，不可用滤纸擦拭，防止损坏玻璃薄膜，应用滤纸吸干，再插入电极保护帽中。电极不用时，注意要把内充液加液口橡胶塞塞上，以免内充液蒸发。

四、实验记录要求

实验中应认真做好实验记录。科学研究是以诚实守信为基础的事业，对科研工作者来说，实验记录就是科学研究的生命线。

实验记录是科学实验工作的原始资料，应直接写在实验记录本上，严禁用零散纸片记录。实验记录本应保持完整，不得缺页或挖补，若有缺漏页情况应详细说明原因。记录应该做到条理分明、文字简练、字迹清晰，不要使用铅笔或易褪色的笔记本。当实验记录需要修改时，可以进行划线，但原始内容仍应可辨认，修改部分也应签名。在实验过程中，应详细记录实验条件，如所用仪器的型号、编号和制造商；生物材料的来源、形态特征、健康状况；也应清楚记录试剂的规格、化学式、分子质量和浓度。实验结果、表格、图片和照片应直接记录或装订在实验记录本中。实验记录中应使用规范的专业术语，计量单位应采用国际标准计量单位，有效数字的取舍应该符合实验要求，如吸光度应为“0.050”，而不能记成“0.05”。每个结果都要尽可能重复观测两次以上，即使观测的数据相同或偏差很大也应如实记录。首次出现的外文缩写必须用中文加以注释。实验记录的统一标准格式应包含以下内容：项目名称、实验目的、研究内容、实验设计原理、研究方法、实验日期、实验条件、实验材料、实验过程、实验结果、实验讨论、参考文献及记录者签名。

五、实验后注意事项

实验结束后要回顾实验进程，仔细检查实验过程中是否有出错的地方，整理实验台，及时处理垃圾，将所用实验用具恢复到实验前状态。

及时整理实验数据和实验记录，总结实验结果并编写实验报告。通过撰写实验报告、进行科研分析，总结实验经验，学习处理各种实验数据的方法，可加深对分子生物学原理和实验技术的理解和掌握，也是一个学习撰写科研论文的过程。书写实验报告时，对实验目的、要求、操作方法等项目应做简明扼要的叙述，但对具体实验条件和操作的关键步骤须书写清楚。对于实验结果部分，除了根据实验要求将实验得到的结果和数据进行整理、归纳、分析对比、计算以及尽量总结成图表外，还应针对实验结果进行必要的分析说明，并做出结论。

实验不可能总是一蹴而就，实验结果也不一定总是尽如人意。要学会从失败的实验中吸取教训，实验失败后要根据实验结果回顾自己的实验操作。例如，十二烷基硫酸钠-聚丙烯酸胺凝胶电泳（SDS-PAGE）胶图出现涂抹痕迹，其原因可能有多种，但最有可能的是聚丙烯酰胺凝胶浇注不均匀或上样量过大。注胶不正确，配制后混合液摇动不均匀，上部胶未倒入胶槽前就发生聚合，易产生涂抹痕迹。倒入的胶聚合速度过快时可停止倒胶，准备新的聚丙烯酰胺混合液，然后将新胶倒在旧胶上方。但这种连接不是很牢固，最好重新倒胶。而胶图中条带过浅也可能是由许多原因所致：上样量过低是此问题的一大原因；如果背景较深且不均匀，可能是因为蛋白质存在于电泳缓冲液中，导致这一点最可能的原因是设备未紧密装配，较多样品从加样孔溢出，溢出的样品很可能不会重新溶入形成条带，而是从上层缓冲液的间隔持续进入凝胶。如果没有上述现象，则可能是染色的问题。考马斯亮蓝染料溶液重复使用会受到十二烷基硫酸钠的污染，回收的染液对蛋白质的染色效率低于新制备的染液。每步操作都应趋于完美，从开始跑胶直到溴酚蓝的前缘到达胶底部，用去离子水清洗凝胶，然后放在摇床上摇动。若是较晚时候才将凝胶放入染缸，染色结果仍然条带过浅，这就要注意，分子质量较小的蛋白质从胶上弥散较快，只有较大分子质量的蛋白质因弥散慢而能被染色。染色和脱色液中的酸化甲醇是非常必要的，它可以固定蛋白质，阻止其从聚丙烯酰胺基质上弥散。

六、实验材料的合理选购和分配

科学研究本身消耗极大，有些实验材料应尽可能回收利用，这样也能减少对环境的污染。例如，在药品采购时多走多看，货比三家，选择质优价廉的一家供货单位提供服务，且随时根据需求送货上门。有些不常用的药品如重金属盐或某些用量极少的染料和特殊用途的有机物等少量购买，容易过期变质的药品也尽量少购。一次实验中，在保证实验完成的前提下，对药品进行合理的分配，如在需要大量药品的实验中，分组应尽量较多，避免在使用过程中因误操作或污染难以回收，造成无谓的浪费。

七、实验室安全保证

实验中要注意保护他人和自我，确保实验室安全。须认真学习实验操作规程和相关安全技术规程，了解仪器设备性能和操作过程中可能发生事故的原因，掌握预防和处理事故的方法。实验室内严禁吸烟、进食、饮水。不允许将食物放在实验室用具中或将食物存放在实验室冰箱中。工作期间应穿戴实验服，扎好长发，戴好帽子。进入实验室不得穿拖鞋，进入食堂等公共场所不得穿实验服。进行危险性操作，如使用极毒物质等均应有第二者陪伴，注意避免毒物与身体直接接触，同时实验中戴着手套不要到处乱摸，包括门把手、键盘等，以免污染整个实验室。

八、玻璃器皿的使用

实验室工作常使用玻璃器皿，若不小心极易发生事故，使用玻璃器皿时必须注意以下几方面。

(1) 使用前应检查玻璃器皿，避免使用有裂纹的。在可能导致玻璃器皿破裂的操作过程中（如减压、加热等），应佩戴护目镜。

(2) 使用适当的酒精灯火焰加热玻璃器皿，可避免因局部过热而导致玻璃破裂。

(3) 拿取试剂瓶时，不能只抓住颈部，还要用一只手托住底部或将其放在托盘架上。若试剂瓶装有溶液，手心要握住贴有标签的地方。

(4) 打开封闭或堵塞严密的容器时，由于容器具有内部压力，应先用冷水冲洗以降低温度，以防止液体喷洒或爆炸事故。

(5) 避免将加热过的玻璃器皿放在过冷工作台上，以防止温度快速变化导致玻璃破裂。

(6) 将玻璃管或温度计插入橡胶塞或软木塞时，在玻璃管上蘸些水或涂上甘油作为润滑剂，连接时戴上厚手套。

九、化学药品的使用

在实验中所使用的化学试剂很多是有毒、易燃易爆或有腐蚀性的药品，使用不当极易造成事故，因此在使用化学药品之前，首先要了解药品的特性，特别是与安全有关的特性。表 1-1 为分子生物学实验中代表性危险药品评估信息。

表 1-1　分子生物学实验中代表性危险药品评估信息

药品	危险性	建议措施
十二烷基磺酸钠	刺激性、有毒	戴手套
异丙烷	极易燃、刺激性、腐蚀性，可能致癌	不使用明火，戴手套
氢氧化钠	高腐蚀性、强刺激性	戴手套
氯仿	可挥发、有毒、刺激性、腐蚀性，可能致癌	使用通风橱，戴手套
苯酚	剧毒、灼伤，可能致癌	使用通风橱，戴手套
甲醇	有毒、易挥发	戴手套
丙烯酰胺	有神经毒性	戴手套
四甲基乙二胺	强神经毒性	使用通风橱，戴手套
溴化乙锭	DNA 强诱变剂	戴手套
二甲基亚砜	有毒、灼伤	使用通风橱，戴手套、护目镜
二硫苏糖醇	吸入或皮肤吸收有害	戴手套、护目镜，使用通风橱
焦碳酸二乙酯	刺激性、致癌、吸入毒性强	戴手套、口罩，使用通风橱

十、有害化学物的处理

实验中废弃的吸头、离心管、手套、试管等应分类投放收集。实验中废弃的生物活性材料，如微生物培养物均不可以活菌形态直接倒入下水道，需经灭活处理。动物实验解剖后尸体及器官要按要求消毒，统一送至有关部门焚烧处理。

实验室废液不可随意排放，一些无机酸类、碱类废液可中和后用大量水稀释后排放；重金属离子的废液可进行沉淀，以废渣的形式处理；有机溶剂有回收价值的可利用蒸馏等方法回收利用，无回收价值的也应收集处理。

对于一些常见的有害物质，如溴化乙锭、Trizol、氯仿、丙烯酰胺、二甲基亚砜、十二烷基磺酸钠等，毒性较高、危害性较大，应分类收集后进行处理。其中溴化乙锭浓度较低的废液也不可直接排入下水道，可先用水稀释后加入活性炭放置处理，滤纸过滤，确定溶液紫外线无荧光后方可排放，使用过的活性炭与滤纸密封作为有害废弃物丢弃。含有溴化乙锭的凝胶也应晾干干燥后烧毁处理。

十一、思考题

1. 在实验开始前需要进行哪些准备工作？
2. 在实验过程中，该如何保护自己和他人的生命健康安全？
3. 如果发生酒精灯起火、有毒有害化学品洒落等事件，该如何第一时间进行紧急处置？
4. 实验完成后，如何及时进行数据整理和记录？

第二章 CHAPTER 2

重组 DNA 分子克隆的制备及鉴定

实验一　动物肝组织中总 RNA 的提取及测定

一、实验目的

1. 掌握 Trizol 试剂法提取小鼠肝脏组织总 RNA 的原理及方法。
2. 掌握紫外分光光度计检测 RNA 的浓度和纯度的基本操作。

二、实验原理

核糖核酸（RNA）作为基因表达的中间产物，在基因表达及调控中扮演着重要的角色。高纯度 RNA 的获得是进行 RNA 方面的研究工作，如 RNA 杂交（又称 Northern 杂交）、信使 RNA（mRNA）分离、逆转录聚合酶链反应（RT-PCR）、定量 PCR、互补脱氧核糖核酸（cDNA）合成及体外翻译等的前提。在真核细胞中，RNA 种类繁多，且含量差异较大，各自发挥功能。真核细胞内含量最丰富的 RNA 是核糖体 RNA（rRNA），其含量占总 RNA 的 80%~85%。其次是转运 RNA（tRNA），tRNA 是分子最小的 RNA，含量占到 10%~15%，mRNA 的含量仅有 1%~5%。

在真核生物中，绝大多数 RNA 通常与蛋白质形成核糖核蛋白复合体。RNA 提取的总原则：保证核酸一级结构的完整性，实现核酸和蛋白质的分离，尽量排除其他成分的污染。细胞内总 RNA 提取的基本原理：破碎细胞，释放生物大分子→去除大分子杂质（蛋白质、脂质和 DNA）→沉淀 RNA（异丙醇和乙醇有机试剂沉淀法）。目前 RNA 分离的经典方法为 Trizol 法（异硫氰酸胍-苯酚法）：通过异硫氰酸胍、β-巯基乙醇、SDS 裂解细胞，可在破碎细胞、降解细胞其他成分的同时保持 RNA 的完整性；酸性条件（pH 4.0）下酚、氯仿抽提，低温离心作用下，蛋白质、DNA 和脂质进入有机相，而 RNA 存在于水相；通过异丙醇沉淀水相中的 RNA，达到 RNA 分离目的。

RNA 质量及纯度的分析：紫外吸收法检测 RNA 的浓度及纯度，260nm、320nm、230nm、280nm 的吸光度（A）分别代表核酸、背景（溶液浑浊度）、盐浓度和蛋白质的水平。纯的 RNA，A_{230} ∶ A_{260} ∶ A_{280} = 1 ∶ 2 ∶ 1。一般的，主要看 A_{260}/A_{280} 的比值（R）。当 R= 1.8~2 时，认为 RNA 提取质量较好；R<1.8 时，说明溶液中蛋白质或者其他有机物的污染比较明显，一般不能够用于后续的实验；R>2.2 时，说明 RNA 已经水解成单核苷酸，不能够用于后续的实验；1.8<R<2.0 时，说明 RNA 中蛋白质或者其他有机物的污染在一个可以接受的区间，可以用于后续的实验。值得注意的是，当使用三羟甲基氨基甲烷（Tris）作为缓冲液测定吸光度时，R 值可能会大于2，小于2.2。按照 RNA 浓度 = A_{260} ×40μg/mL×稀释倍数，计算 RNA 的浓度。

三、实验用品

1. 实验材料

小鼠新鲜肝脏组织。

2. 实验试剂

Trizol 试剂盒、氯仿、异丙醇、无水乙醇、超纯水等。

3. 实验仪器及耗材

高速冷冻离心机、超微量紫外可见分光光度计、涡旋振荡器、磁珠、微量移液器、吸头、EP 管、灭菌锅、恒温箱等。

四、实验步骤

1. 小鼠肝脏总 RNA 的提取

（1）取新鲜小鼠肝脏（冻于-80℃冰箱），敲碎，取适量置于 EP 管中。

（2）加入 600μL Trizol 提取液，并向其中加入 2~3 个磁珠，用于组织碾磨。

（3）加入 150μL 氯仿，涡旋振荡 15s，冰上静置 5min，12000r/min 离心 15min。

（4）溶液分为三层，用微量移液器吸取最上层清液 150μL 于新的 EP 管中，加入等体积（150μL）异丙醇；上下翻转 20 次，冰上静置 5min。12000r/min 离心 10min。

（5）倒去上清液，加入提前预冷的 75%乙醇 600μL 。翻转几次充分洗涤，8000r/min 离心 5min，该步骤重复两次。

（6）迅速倒去上清液，继续离心 1min，将未倒尽的液体离心至管底，用 10μL 的微量移液器小心将剩余的乙醇溶液吸尽。打开 1.5mL EP 管管盖，在冰上挥发 10min，除尽乙醇。

（7）根据提取的 RNA 量加入 20μL 左右的超纯水充分溶解，并充分混匀。

（8）RNA 变性　65℃灭活 5min，立即置于冰上 10min，测量其浓度，剩余的 RNA 样品置于-20℃保存。

2. 紫外吸收法测定 RNA 的浓度

取 2μL 的 RNA 溶液，在紫外可见分光光度计下测定吸光度，记录 A_{260}，A_{230} 和 A_{280} 的数值，计算浓度。

五、实验结果

计算从小鼠肝脏组织中提取的总 RNA 的浓度。

六、注意事项

RNA 提取的关键影响因素是 RNA 酶的降解作用，因此需要从样本的准备开始，在整个实验过程中尽可能抑制 RNA 酶的活性。

1. 组织样本要尽可能新鲜，避免反复冻融。

2. 在用 Trizol 法提取时，离心后溶液分为 3 层，吸取上清液时宁可少吸，不能多吸，尽可能吸取上清透明溶液，不能吸取中间层，否则会导致 DNA 污染，影响 RNA 的纯度。

3. 在实验过程中要防止 RNA 的降解，保持 RNA 的完整性。在总 RNA 的提取过程中，注意避免 mRNA 的断裂。

4. 乙醇沉淀过程中尽可能充分挥发乙醇，以免导致乙醇污染 RNA 样品。

5. RNA 提取浓度不高或质量不佳的原因及解决办法：

（1）基因组残留　Trizol 法提取时，分层后吸取上清液时吸到中间层会带来严重的基因组污染；如果是采用柱式法提取，可选择含有 DNase I 的试剂盒进行提取，吸附在膜上的核酸直接用 DNase I 进行消化，可极大限度地降低 DNA 残留。

（2）RNA 降解　可能是提取样本本身降解，或者是在提取过程中导致的降解。应当尽可能使用新鲜样本进行 RNA 提取，采集的样本应当及时置于液氮或者-80℃冰箱冻存，并减少反复冻融。在 RNA 提取过程中应当使用不含 RNase/DNase 的吸头、离心管，提取后的 RNA 应置于冰盒上并及时放于-80℃冻存。

（3）盐及有机溶剂残留　提取试剂中含有酚及胍盐，洗涤液中含有乙醇，在提取过程中裂解液吸弃不彻底，洗液没有充分晾干导致。

七、思考题

1. 简述 RNA 提取的基本原理及注意事项。

2. RNA 提取还有哪些方法？各有哪些优缺点？

实验二 琼脂糖凝胶电泳检测

一、实验目的

掌握琼脂糖凝胶电泳鉴定 RNA 完整性的方法。

二、实验原理

电泳是将某种带电分子放到电场中，带电分子会以一定的速度向适当的电极移动。某物质在电场作用下的迁移速率与电场强度成正比，与该物质分子所携带的净电荷数成正比，而与分子和介质的摩擦系数成反比。核酸的电泳常为琼脂糖凝胶电泳或聚丙烯酰胺凝胶电泳。琼脂糖凝胶电泳是以琼脂糖作为支持介质的一种电泳方法。

琼脂糖是从琼脂中分离的链状多糖，许多琼脂糖分子依靠氢键及其他力的作用使其互相盘绕形成绳状琼脂糖束，构成大网孔型凝胶。琼脂糖本身不带电荷，无电渗现象和对蛋白质的吸附作用，且对尿素和盐酸胍等破坏氢键的试剂有较强的抵抗力，分辨率和重现性均较好，是一种优良的电泳材料。

RNA 电泳可以在变性及非变性两种条件下进行。非变性电泳使用 1.0%~1.4%的凝胶，不同的 RNA 条带也能分开，但无法判断其分子质量。只有在完全变性的条件下，RNA 的泳动率与分子质量的对数呈线性关系。因此要测定 RNA 分子质量时，一定要用变性凝胶。在需快速检测所提取总 RNA 样品完整性时，配制普通的 1%琼脂糖凝胶即可。检测 28S 和 18S 条带的完整性和它们的比值，一般 28S 和 18S 条带明亮、清晰、条带锐利（指条带的边缘清晰），并且 28S 条带的亮度在 18S 条带的两倍以上，此时认为 RNA 的质量好。

三、实验用品

1. 实验材料

从实验一中提取的 RNA。

2. 实验试剂

超纯水、琼脂糖、50×TAE 电泳缓冲液、6×电泳上样缓冲液、4S GREEN PLUS 型核酸电泳染料、10000DNA 分子标记（Marker）。

3. 实验仪器及耗材

水平式电泳仪、凝胶成像系统、称量天平、微波炉或者电炉、微量移液器、无菌枪头、离心管等。

四、实验步骤

实验大致步骤如图 2-1 所示，具体如下。

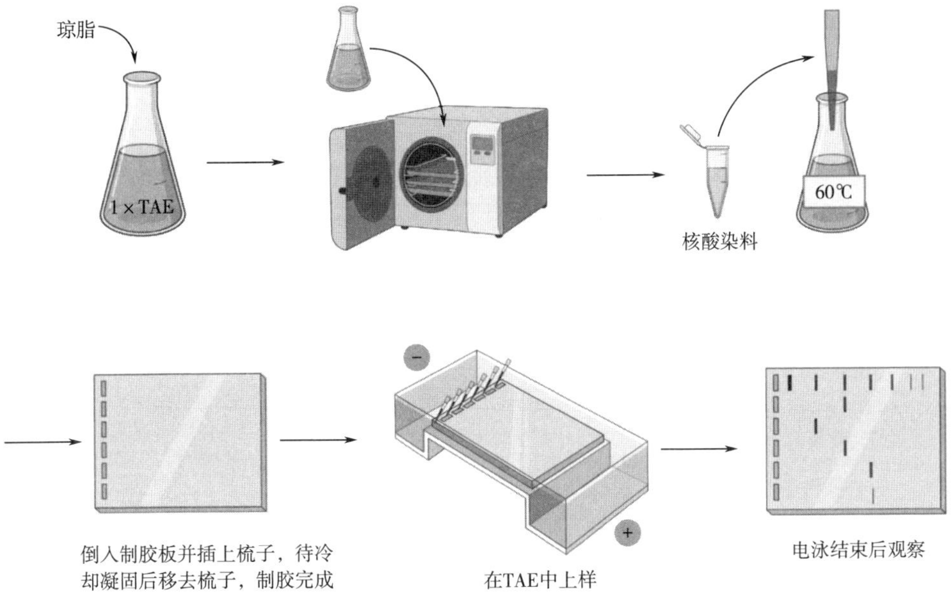

图 2-1 琼脂糖凝胶电泳的实验流程

（1）稀释缓冲溶液的制备 取 50×TAE 电泳缓冲液 5mL，加水稀释至 250mL，配制成 1×TAE 电泳缓冲液待用。

（2）琼脂糖凝胶的制备（1%） 称取 0.5g 琼脂糖，置于 250mL 锥形瓶中，加入 50mL 1×TAE 电泳缓冲液。在锥形瓶的瓶口盖上保鲜膜或者牛皮纸，并在膜上扎些小孔，然后在微波炉或者电炉中加热，溶液加热后会导致温度升高，请戴上防热手套，小心摇动锥形瓶使其充分溶解。当溶液冷却至 50~60℃后，加入 5μL 4S GREEN PLUS 型核酸电泳染料，轻轻摇匀，避免产生气泡。

（3）胶板的制备 将胶板两端紧密封住，置于水平支持物上，插上样品梳子。将配制的琼脂糖凝胶小心地倒入胶板，速度不可太快，使胶液形成均匀的胶层。小的胶板倒入体积为 15mL。将胶板放入电泳槽内，加入 1×TAE 电脉缓冲液使其没过胶板上表面。

（4）加样 在封口膜上，取 10μL RNA 溶液与 2μL 6×电泳上样缓冲液混匀，用微量移液器小心加入样品槽中。

（5）电泳 盖上电泳槽盖子，接通电源，控制电压在 80~100V，电流在 40mA 以上。当溴酚蓝条带移动至凝胶前 1~2cm，停止电泳。

（6）拍照观察 将凝胶置于凝胶成像系统中，拍照并保存实验结果。

五、实验结果

记录 RNA 电泳图谱并分析实验结果。

六、注意事项

1. TAE 缓冲溶液尽可能现用现配，用于电泳的缓冲溶液和用于制备琼脂糖凝胶的缓冲溶液必须统一。

2. 上样量根据样品的浓度可适当调整，但总体积不可超过样品槽的容量（一般小孔的上样体积不超过 20μL）。上样时尽可能将样品溶液加至样品槽底部，不要溢出，因此操作要稳当且细心。

七、思考题

1. 讨论影响 RNA 提取完整性的关键步骤有哪些。
2. 变性和非变性 RNA 电泳的区别及应用是什么？

实验三 逆转录聚合酶链式反应（RT-PCR）扩增克隆基因

一、实验目的

了解并掌握 RT-PCR 扩增特异性基因的原理和方法。

二、实验原理

SIRT 是去乙酰化酶（sirtuin）家族的一员，该基因在哺乳类动物中有 7 个同源基因，分别被命名为 *SIRT*1 至 *SIRT*7。其中，*SIRT*3、*SIRT*4 及 *SIRT*5 位于线粒体中。在对小鼠的研究中发现，*SIRT*3 在线粒体内的去乙酰化活性最为明显。*SIRT*3 由于其与衰老和疾病相关联而受到人们的广泛关注。*SIRT*3 既能使组蛋白去乙酰化，又能够使微管蛋白去乙酰化。小鼠中 *SIRT*3 基因敲除实验表明，线粒体中的蛋白质都高度乙酰化。小鼠的 *SIRT*3 基因的编码序列（CDS）长 774bp。本次实验设计 PCR 引物，克隆 *SIRT*3 基因的片段。引物序列如下。

正向引物：ATGGTGGGGCCGGCATCAG

反向引物：CTATCTGTCCTGTCCATCCAG

逆转录 PCR（reverse transcription PCR）或者称反转录 PCR（reverse transcription-PCR，RT-PCR），是聚合酶链式反应（PCR）的一种广泛应用的变形。在 RT-PCR 中，一条 RNA 链被逆转录成为互补 DNA，再以此为模板通过 PCR 进行 DNA 扩增。PCR 技术是在模板、引物和四种脱氧核糖核苷酸共同存在的条件下，依赖于 DNA 聚合酶的酶促反应，反应分为三步：变性、退火和延伸。

本实验采用反转录试剂盒 HiScript Q RT SuperMix for qPCR（+gDNA wiper），该试剂盒含基因组 DNA（gDNA）去除模块，以 HiScript II 逆转录酶为基础。产品中的 4×gDNA wiper 可在逆转录步骤前快速彻底去除基因组污染，提高实验结果的可信度。HiScript 逆转录酶是在 M-MLV（RNase H-）Reverse Transcriptase 基础上经过多点突变得到的全新逆转录酶，提高了热稳定性和 cDNA 合成效率。5×qRT SuperMix 中含有逆转录反应所需的所有组分，加入模板 RNA 和水即可迅速进行反应。RNA 模板的体积最多可加到总体积的 80%，非常适合于低浓度 RNA 模板的逆转录反应。本产品针对 qPCR 进行特别优化，比例优化的 Random primers/Oligo dT primer mix，使 cDNA 合成可从 RNA 转录本的各个区域起始，并具有相同的逆转录效率，最大程度保证了 qPCR 结果的真实性和可重复性。逆转录产物兼容 SYBR Green 和探针法 qPCR，可以根据实验目的，选择相应的试剂配合使用，以进行高性能的基因表达分析。

三、实验用品

1. 实验材料

实验一从小鼠肝脏组织提取的总 RNA。

2. 实验试剂

反转录试剂盒 HiScript Q RT SuperMix for qPCR（+gDNA wiper）、琼脂糖、50×TAE 电泳缓冲液、6×电泳上样缓冲液、4S GREEN PLUS 型核酸电泳染料、2000DNA Marker。

3. 实验仪器

恒温箱、微量振荡器、PCR 仪、水平式电泳仪、凝胶成像系统、称量天平、恒温水浴锅、微波炉或者电炉、微量移液器。

四、实验步骤

1. RNA 反转录为 cDNA

RNA 反转录步骤如图 2-2、图 2-3 所示。

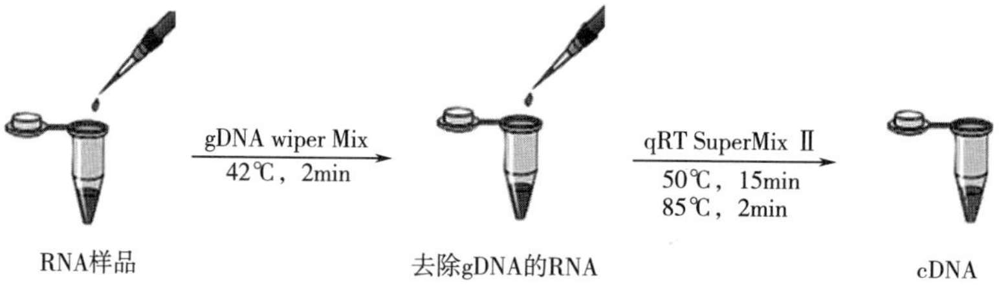

图 2-2 RNA 反转录的流程

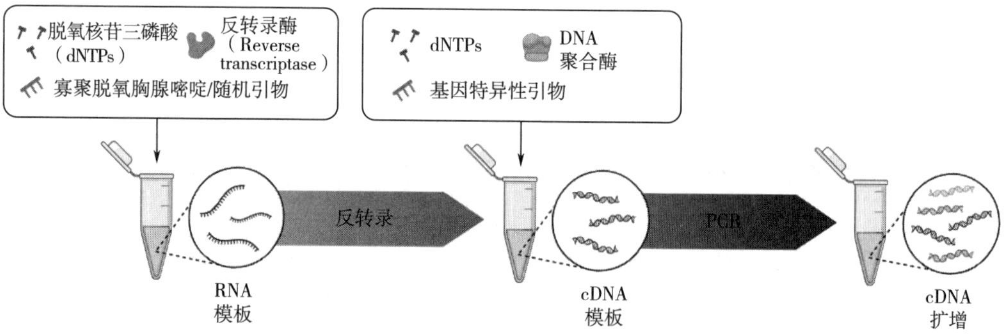

图 2-3 以 RNA 为模板进行反转录 PCR（RT-PCR）的示意图

（1）去除基因组 DNA 体系配制如表 2-1 所示：

表 2-1 去除基因组 **DNA** 体系配制

试剂	使用量	试剂	使用量
不含 RNase 的去离子水	xμL	总 RNA	1pg~1μg
4×gDNA wiper mix	4μL	总量	16μL

（2）配制 20μL 的反转录体系，配方如表 2-2 所示：

表 2-2 反转录体系

试剂	使用量/μL	试剂	使用量/μL
Qrt-supermix Ⅱ	4	总量	20
第一步反应液	16		

（3）50℃、15min，85℃、5s。之后立即置于冰上。

（4）充分混匀后与超纯水按 1∶3 稀释后备用。

2. 常规 PCR

依次混匀如表 2-3 所示的试剂。

表 2-3 **PCR 体系**

试剂	使用量/μL	试剂	使用量/μL
2×TaqMix	25	cDNA	2.0
正向引物（10μmol/L）	1	不含 RNase 的去离子水	21
反向引物（10μmol/L）	1	总量	50

混匀后离心 5s。

PCR 条件：94℃变性 10min，94℃变性 15s，57℃退火 30s，72℃延伸 120s，循环 30 轮。72℃保温 10min，反应产物扩增充分。4℃保存。

注意：设含除模板 DNA 外所有其他成分的阴性对照。

3. 电泳鉴定

（1）制备 1%琼脂糖凝胶　称取 0.5g 琼脂糖置于锥形瓶中，加入 50mL 1×TAE，加热煮沸至琼脂糖全部融化，摇匀，即成 1% 琼脂糖凝胶液。

（2）制胶　往冷却到 65℃左右的琼脂糖凝胶液中加入 4S GREEN PLUS 型核酸电泳染料，混匀，小心倒入槽内，使胶液缓慢展开，直到整个槽表面形成均匀胶层。

（3）加样　在 parafilm 膜上加入 10μL 样品和 2μL 6×电泳上样缓冲液（上样缓冲液最终稀释倍数应不小于 1×）。用微量移液器分别将样品加入胶板的样品槽内，每加一样品，应更换吸头，以防污染。

（4）电泳　加样后的凝胶板立即通电进行电泳，电压 60~100V，样品由负极（黑色）向正极（红色）移动。

（5）电泳完毕后，取出凝胶，置于凝胶成像系统中观察并拍照记录。

五、实验结果

记录扩增 cDNA 的琼脂糖电泳图谱。

六、注意事项

1. RNA 样品的纯度和完整性是影响 RT-PCR 是否能扩增出目的基因的重要因素。
2. RT-PCR 引物设计要合理，进行 PCR 之前需要检测其溶解曲线，确保其特异性。
3. 实验过程中设置阴性对照（只有引物组和只有 RNA 模板组）。

七、思考题

试述 PCR 引物设置原则。

实验四　DNA 胶回收及鉴定

一、实验目的

学习和掌握利用试剂盒进行 PCR 产物的 DNA 胶回收的原理和方法，为后续的连接反应和转化做准备。

二、实验原理

在生物技术实验中，PCR 反应获得的目的片段，酶切后所得特定的 DNA 序列，分子杂交中所制备的探针等，经过琼脂糖凝胶电泳后，目的片段与其他 DNA 分开，这就需要有一套方法将目的 DNA 从凝胶中分离出来，通过处理后得到纯化的目的 DNA，以用于以后分子杂交、重组子构建、序列分析等。

胶回收试剂盒结合了硅胶结合技术和离心或真空柱形式的便利性。DNA 片段通过溶解琼脂糖凝胶的切片而提取出来。Gel Solubilization Solution 可溶解在 TBE 或 TAE 缓冲液进行的凝胶反应的琼脂糖凝胶切片。在存在 Gel Solubilization Solution 的情况下，提取所得的 DNA 片段选择性吸附到硅胶膜上。经过离心去除污染物。最后，在 Tris 缓冲液中洗脱结合所得的 DNA。

本实验采用 SanPrep 柱式 DNA 胶回收试剂盒，该试剂盒适用于从 TAE 琼脂糖凝胶中回收 100bp~10kb 的 DNA 片段，回收率可达 80%。试剂盒采用特殊的吸附膜，能够选择性吸附核酸分子，去除其他杂质，得到高质量的 DNA 纯化产物，所得 DNA 可直接用于酶切、连接、测序等后续的分子生物学实验，具有回收效率高、操作简单快速、洗脱效率高、洗脱体积小等优点。

三、实验用品

1. 实验材料

PCR 产物电泳凝胶、SanPrep 柱式 DNA 胶回收试剂盒、刀片等。

2. 实验试剂

乙醇、异丙醇、琼脂糖、50×TAE 电泳缓冲液、6×电泳上样缓冲液、4S GREEN PLUS 型核酸电泳染料、2000DNA Marker 等。

3. 实验仪器

蓝光切胶仪、高速离心机、电泳槽、PCR 仪等。

四、实验步骤

DNA 胶回收大致过程如图 2-4 所示：

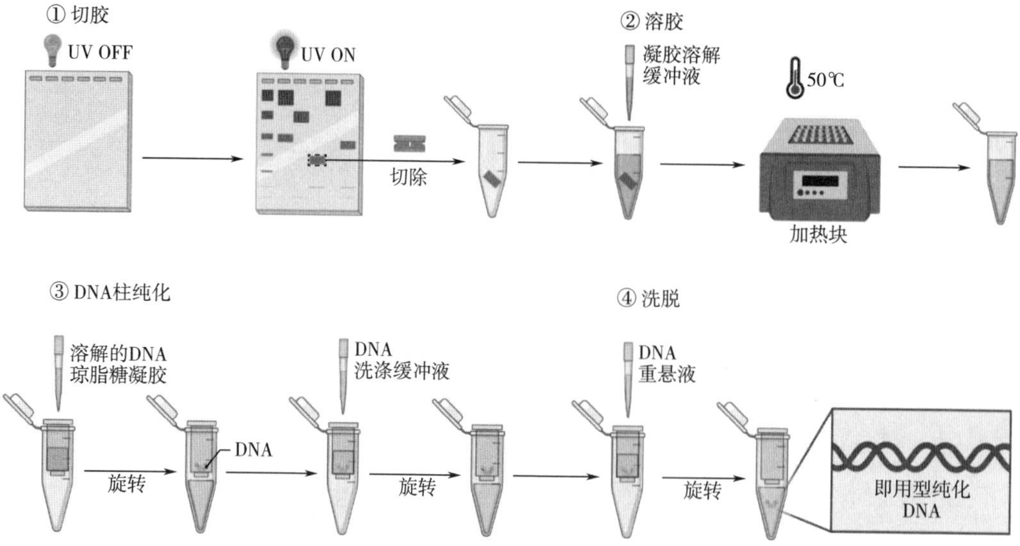

图 2-4　DNA 胶回收的实验示意图

1. 准备工作

（1）检查 DNA 洗涤缓冲液中是否已加入无水乙醇。

（2）检查凝胶溶解缓冲液是否出现沉淀。

（3）水浴锅调至 50℃。

2. 产物纯化

（1）用干净的手术刀从琼脂糖中割下含有目的片段的胶块，建议用纸巾吸尽凝胶表面的水分，并去除多余的凝胶，放入 1.5mL 离心管中，称重（去除空管的质量）。

（2）根据胶块的质量，按每 100mg 琼脂糖（如胶块不足 100mg 则用水补充至 100mg）加入适量凝胶溶解缓冲液（100mg 等同于 300μL 凝胶溶解缓冲液）。

（3）将离心管置于 50℃水浴 5~10min，混匀，直至胶块完全溶化，水浴期间颠倒两次加速溶胶。

（4）当目的片段<500bp 时，加入所使用的凝胶溶解缓冲液体积 1/3 的异丙醇，混匀。当目的片段≥500bp 时，此步骤可省略。

（5）将溶化好的液体全部移入吸附柱，8000×*g* 离心 30s，倒掉收集管中的液体，将吸附柱放入同一个收集管中。

（6）向吸附柱中加入 300μL 凝胶溶解缓冲液，9000×*g* 离心 30s，倒掉收集管中的液体，将吸附柱放入同一个收集管中。

（7）向吸附柱中加入 500μL DNA 洗涤缓冲液，9000×*g* 离心 30s，倒掉收集管中的液体，将吸附柱放入同一个收集管中。

（8）重复步骤（7）一次。

（9）将空吸附柱和收集管放入离心机，9000×*g* 离心 1min。

（10）在吸附膜中央加入 15~40μL 重悬液，室温静置 1~2min，9000×*g* 离心 1min，

将所得到的 DNA 溶液测定浓度并置于-20℃保存或用于后续实验。

3. 电泳鉴定

将切胶回收纯化后产物 PCR 扩增，再次进行核酸电泳（参见实验二）。

五、实验结果

记录 DNA 的琼脂糖电泳图谱。

六、注意事项

1. 洗脱时硅胶膜或硅胶树脂上有洗涤缓冲液残留，会使洗脱产物中含有乙醇，影响下游操作。请确保彻底去除洗涤缓冲液，在洗脱前可再次离心或置于 50℃烘箱中 5～10min。

2. 减少洗脱液体积可以提高 DNA 浓度，但必须确保大于说明书提供的最小洗脱体积，因为说明书提供的最小洗脱体积是能完全覆盖吸附膜的最小体积，若减少体积则不能将 DNA 完全洗脱下来。

3. 如果加入溶胶液温浴后，液体仍很黏稠或后续步骤有堵柱子现象，即胶块溶解不充分，可再补加一些溶胶液或延长水浴时间并增加上下颠倒次数帮助溶胶，胶块体积过大，应尽量切除多余部分，并将其切为小碎块，分几次回收。

七、思考题

1. 如何有效提高 PCR 产物纯化回收效率?

2. 思考影响 PCR 产物纯化效果的因素。

实验五　感受态细胞的制备

一、实验目的

1. 掌握制备化学感受态细胞的原理及方法。
2. 掌握制备电转化感受态细胞的原理及方法。
3. 学习并掌握感受态细胞效价的检测方法。

二、实验原理

重组 DNA 分子体外构建完成后，必须导入特定的宿主（受体）细胞，使之无性繁殖并高效表达外源基因或直接改变其遗传性状，这个导入过程及操作统称为重组 DNA 分子的转化。

所谓的感受态，即指受体（或者宿主）最易接受外源 DNA 片段并实现其转化的一种生理状态，它是由受体菌的遗传性状所决定的，同时也受菌龄、外界环境因子等的影响。环磷酸腺苷（cAMP）可以使感受态水平提高 1 万倍，而 Ca^{2+} 也可大大促进转化的作用。细胞的感受态一般出现在对数生长期，新鲜幼嫩的细胞及严格控制低温是制备感受态细胞和后续转化成功的关键。制备出的感受态细胞暂时不用时，可加入占总体积 15%的无菌甘油或-70℃保存（有效期 6 个月）。

受体细胞经过一些特殊方法（如电击法、$CaCl_2$ 等化学试剂法）处理后，细胞膜的通透性发生变化，成为能容许外源 DNA 分子通过的感受态细胞。进入细胞的 DNA 分子通过复制、表达实现遗传信息的转移，使受体细胞出现新的遗传性状。

（1）化学制备法　大肠杆菌的转化常用化学试剂法（$CaCl_2$ 法），该法最先是由 Cohen 于 1972 年发现的。其原理是细菌处于 0℃、$CaCl_2$ 的低渗溶液中，菌细胞膨胀成球形，转化混合物中的 DNA 形成抗 DNase 的羟基-钙磷酸复合物黏附于细胞表面，经 42℃短时间热冲击处理，促使细胞吸收 DNA 复合物，在丰富培养基上生长数小时后，球状细胞复原并分裂增殖，被转化的细菌中，重组子中基因得到表达，在选择性培养基平板上，可选出所需的转化子。

Ca^{2+} 处理的感受态细胞，其转化率一般能达到 $5\times10^6 \sim 2\times10^7$ 转化子/μg 质粒 DNA，可以满足一般的基因克隆试验。如在 Ca^{2+} 的基础上，联合其他的二价金属离子（如 Mn^{2+}、Co^{2+}）、二甲基亚砜（DMSO）或还原剂等物质处理细菌，则可使转化率提高 100~1000 倍。化学制备法简单、快速、稳定、重复性好，菌株适用范围广，感受态细菌可以在-70℃保存，因此被广泛用于外源基因的转化。

（2）物理制备法　电转化法。该法不需要预先诱导细菌的感受态，依靠短暂的电击，促使 DNA 进入细菌，转化率最高能达到 10^9 ~ 10^{10} 转化子/μg 闭环 DNA。因操作简便，越来越为人们所接受。

感受态细胞效价：指用 1μg 的标准质粒能够转化出的菌落数。转化后在含相应抗生素的固体平板上长出的菌落即为转化子，根据培养皿中的菌落数可计算出转化子总数和转化效价。

三、实验用品

1. 实验材料

DH-5 菌种、LB 液体培养基、固体培养基等。

2. 实验试剂

100mg/mL 氨苄青霉素、0. 1mol/L 的 $CaCl_2$、超纯水、灭菌甘油等。

3. 实验仪器

摇床、冷冻离心机、超低温冰箱、金属浴等。

四、实验步骤

1. 培养基及相关溶液配制

（1）培养基的制备　配制 200mL LB 液体培养基和固体培养基，用高压灭菌锅在 121℃、20min 条件下灭菌。取灭菌后融化的固体 LB 培养基，冷却到不烫手背时加入抗生素至终浓度 100μg/mL，在超净台内倒平板，冷却凝固后放在 4℃冰箱备用。

（2）配制 0. 1mol/L 的 $CaCl_2$ 溶液　吸取 1mol/L 的 $CaCl_2$ 溶液 10mL，加超纯水至 100mL，高压灭菌后备用。

（3）10%甘油配制　取 10mL 甘油用超纯水定容至 100mL，充分混匀，高压灭菌后备用。

（4）配制 15%甘油的 0. 1mol/L 的 $CaCl_2$ 溶液　吸取 1mol/L 的 $CaCl_2$ 溶液 10mL，加入 15mL 甘油（或者 25mL 60%的甘油），定容至 100mL，高压灭菌后备用。

2. 准备工作

（1）菌种活化　菌种保存在-70℃的超低温冰箱，取甘油菌在冰上融化。于超净台小心吸取 5~10μL 悬浮菌液，划线于相应抗性固体培养基上，置于 37℃恒温培养箱培养过夜。

（2）菌种前培养　从固体培养基上挑取单菌落，按图 2-5 所示，接种于 5mL LB 液体培养基中，37℃过夜培养。

（3）菌种准备　将上述过夜培养的菌悬液以 1：50 的比例接种于 50mL LB 液体摇瓶中，于 37℃、2000r/min 摇床中振荡培养 2~3h 至 A_{600} 为 0. 4~0. 6。

3. 感受态细胞的制备（$CaCl_2$ 法）

（1）将 1. 5mL 培养液转入离心管中，冰上放置 10min，于 4℃下 4000r/min 离心 10min。

（2）弃去上清液，用预冷的 0. 1mol/L 的 $CaCl_2$ 溶液 1mL 轻轻悬浮细胞，冰上放置

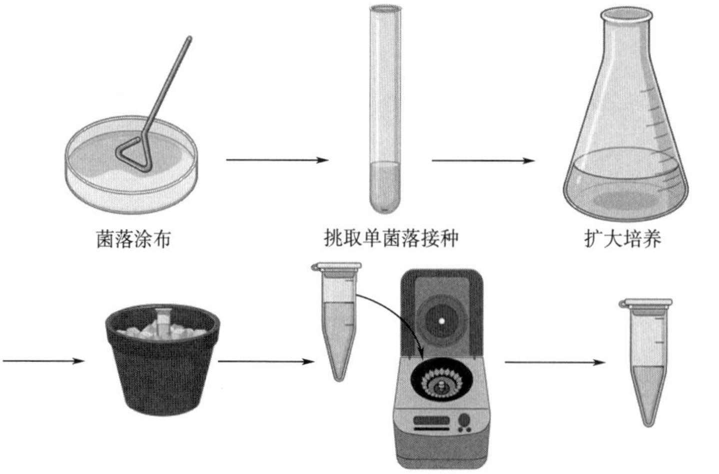

图 2-5 感受态细胞制备的简要流程

15~30min 后，4℃下 4000r/min 离心 10min。

（3）重复步骤（2）2~3 次，离心管底部如有黑色物质应尽量全部弃除（吹打沉淀的时候不要吹起黑色物质，把已悬浮的菌液移入另一只干净的离心管再次离心）。

（4）弃去上清液，加入 100μL 预冷的 0.1mol/L 的 $CaCl_2$ 甘油溶液，轻柔吹打 5~8 次，至此感受态细胞制备完毕，可按需求以 50μL 或 100μL 分装到新的预冷的离心管。及时使用（4℃冰箱保存 4~6h 时转化效率较高）或者置于-80℃冰箱，可保存半年左右，用于后续的转化及克隆实验。

（5）化学转化

①取化学转化感受态细胞于冰上解冻，同时把标准质粒 PUC19 稀释 10 倍置于冰上。

②在含有 40μL 感受态细胞的 1.5mL 离心管中加入 1uL 稀释后的标准质粒充分混匀。于冰上静置 30min。

③将离心管置于 42℃金属浴放置 90s，然后迅速放回冰上，使细胞冷却 2~3min。

④向离心管中加入已预热的无菌 LB 培养液 400μL，再转移到 37℃恒温振荡培养箱培养 45~60min。

⑤将离心管内容物混匀，吸取 20μL 菌液于含有相应抗性的 LB 固体培养基上均匀涂开，在 37℃培养箱过夜培养，然后通过菌落数计算效价。

4. 电转化感受态细胞的制备

（1）将 1.5mL 培养液转入离心管中，冰上放置 10min，于 4℃下 4000r/min 离心 10min。

（2）弃去上清液，用预冷的 1mL 双蒸水轻轻悬浮细胞，4℃下 4000r/min 离心 10min（吹打沉淀的时候不要吹起黑色物质，把已悬浮的菌液移入另一只干净的离心管再次离心）。

（3）重复步骤（2）2~3 次，用预冷的 10%甘油在 4℃下 4000r/min 离心重悬洗两次，最后加 10%甘油重悬后，于-80℃保存。

（4）电转化

①从-80℃冰箱中取出感受态细胞，置于冰上解冻。

②取 1μL 纯化后的质粒于 1.5mL 的离心管中，将其和 0.1cm 的电极杯一起置于冰上预冷。

③将 40~100μL 解冻的感受态细胞转移至此 1.5mL 的离心管中，小心混匀，冰上放置 10min。

④打开电转化仪，调至 manual，调节电压为 1.8kV。

⑤将此混合物转移至已预冷的电极杯中，轻轻敲击电极杯使混合物均匀进入电极杯的底部。

⑥将电极杯放入电转化仪，按一下 pulse 键，听到蜂鸣声后，向电极杯中迅速加入 1000μL 的 LB 液体培养基，重悬细胞后，转移到 1.5mL 的离心管中。

⑦37℃、220~250r/min 复苏 1h。

⑧取 20μL 转化产物涂布于含有相应抗性的 LB 固体培养基上，于 37℃培养箱过夜培养，次日查看转化结果。

5. 感受态细胞效价计算

根据固体培养基上的转化子数，计算感受态细胞效价，计算公式如下：

$$\text{转化总数}=\frac{\text{菌落数}\times\text{稀释倍数}\times\text{转化反应原液总体积}}{\text{涂板菌液体积}}$$

$$\text{转化效率}=\frac{\text{转化子数}}{\text{每微克质粒 DNA}}=\frac{\text{转化子总数}}{\text{质粒 DNA 加入量（μg）}}$$

理论上转化效率最高为每微克标准质粒转化的菌落数 1×10^{10} 个。

五、实验结果

分析计算转化效率。

六、注意事项

1. $CaCl_2$ 法处理后的细胞比较脆弱，制作感受态细胞的过程中尽量冰上操作，操作的动作尽量轻柔，稳健。

2. 全程冰浴，注意低温，实验中所用的试剂、容器、离心机需要提前预冷。

3. 接种 3h 后需每 15min 密切关注 A_{600} 的值，切忌将菌摇得太老，A_{600} 的值不要超过 0.5。

4. 所制得的感受态细胞按需求分装，避免反复冻融。

七、思考题

1. 讨论实验中关键步骤对转化效率的影响。

2. 比较氯化钙感受态和电转化感受态制备的差异及应用。

实验六 DNA 连接、细菌转化及筛选

一、实验目的

1. 掌握分子克隆连接和转化的原理和方法。
2. 掌握蓝白斑筛选的原理与方法。

二、实验原理

当已经获得目的基因片段，选择好适当的克隆（或表达、转化）质粒载体，并确定重组方案后，下面要进行的就是 DNA 片段之间的体外连接，从而获得重组子。此重组子可转入相应的宿主菌中用于对目的基因的扩增，筛选出阳性克隆，可用于后续的分子克隆鉴定。具体流程如图 2-6 所示。

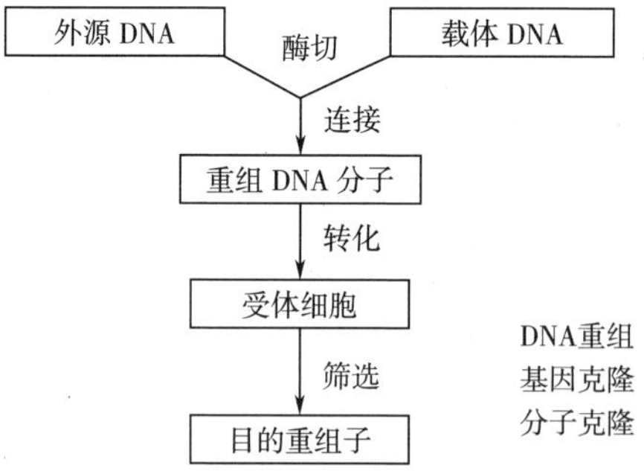

图 2-6 重组 DNA 构建及筛选流程示意图

DNA 分子的体外连接就是在一定条件下，由 DNA 连接酶催化两个双链 DNA 片段组邻的 5′端磷酸与 3′端羟基之间形成磷酸二酯键的生物化学过程，DNA 分子的连接是在酶切反应获得同种酶互补序列基础上进行的。

转化（transformation）是指一段同源或异源的 DNA 转入受体细胞并得到表达的水平基因的转移过程，是现代分子生物学研究和基因工程不可缺少的重要技术。目前常用的转化方法有 $CaCl_2$ 法（化学转化法），本实验采用 T 载体连接 *SIRT*3 的基因。

pUCm-T 载体（图 2-7）是为简化 PCR 产物的 Z 克隆而设计的。高温 DNA 聚合酶，如 Taq DNA 聚合酶、Tth DNA 聚合酶等扩增的 PCR 产物在 3′-末端后都带有一个突出的碱基 A，这样的 PCR 产物可以用 3′-末端后带有一个突出碱基 T 的载体方便地进行克隆。pUCm-T 载体具有抗生素筛选和蓝白斑筛选标记，载体上带有 β-半乳糖苷酶基因（*LacZ*）的调控序列和 β-半乳糖苷酶 N 端 146 个氨基酸的编码序列。这个编码区中插入

了一个多克隆位点，但并没有破坏 *LacZ* 的阅读框架，不影响其正常功能。*E. coli* DH5α、Top10 或 JM 系列菌株带有 β-半乳糖苷酶 C 端部分序列的编码信息。在各自独立的情况下，载体和菌株编码的 β-半乳糖苷酶的片段都没有酶活力。但在载体和菌株融为一体时可形成具有酶活力的蛋白质。这种 *LacZ* 基因上缺失近操纵基因区段的突变体与带有完整的近操纵基因区段的 β-半乳糖苷酶突变体之间实现互补的现象称 α-互补。由 α-互补产生的 Lac+细菌较易识别，它在生色底物 X-gal（5-溴-4 氯-3-吲哚-β-D-半乳糖苷）存在下被 IPTG（异丙基硫代-β-D-半乳糖苷）诱导形成蓝色菌落。当外源片段插入载体的多克隆位点后会导致读码框改变，表达蛋白失活，产生的氨基酸片段失去 α-互补能力，在同样条件下含重组质粒的转化子在生色诱导培养基上只能形成白色菌落（图 2-8）。因此，当外源 DNA 片段插入到 pUCm-T 中后，重组克隆在 X-gal/IPTG 平板上呈现为白色，而非重组克隆呈蓝色。选择在 IPTG/X-gal 平板上生长的白色菌落，用牙签挑至含氨苄青霉素的液体培养基，37℃培养过夜。

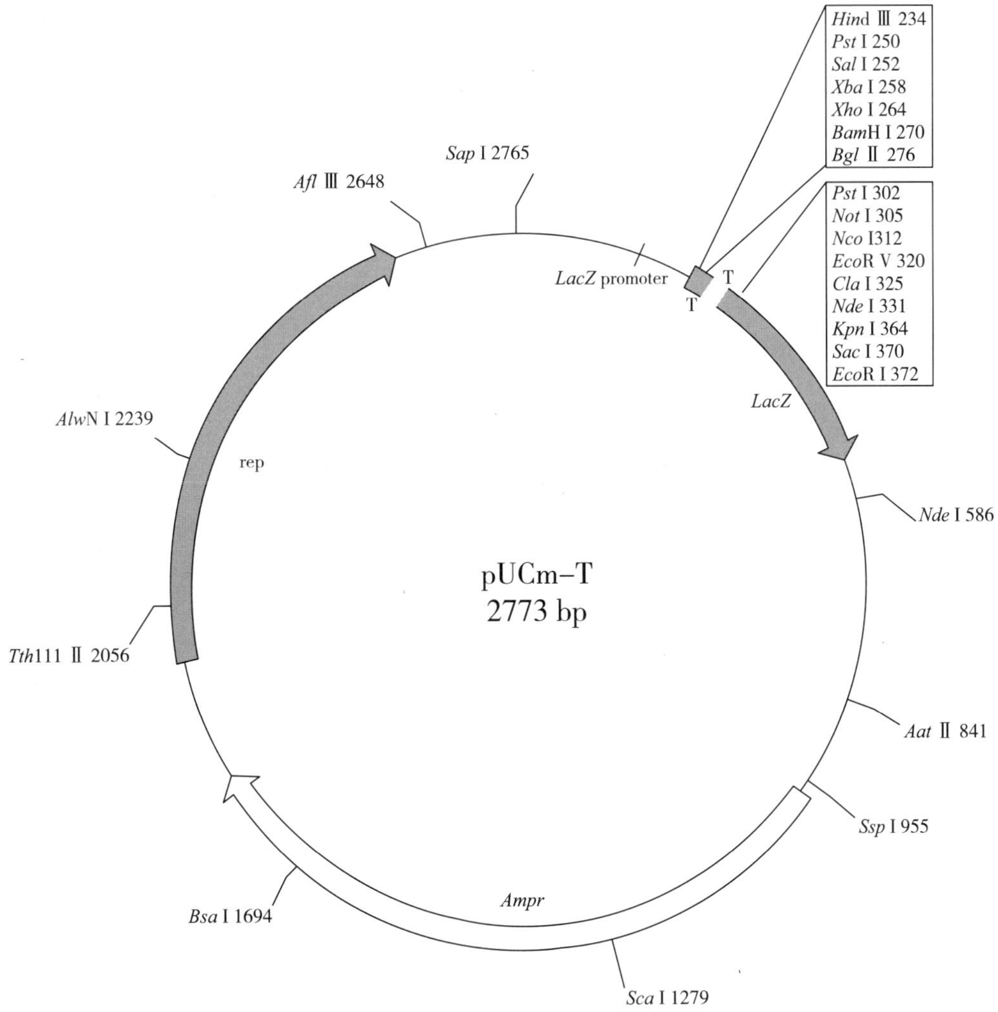

图 2-7　pUCm-T 载体的图谱

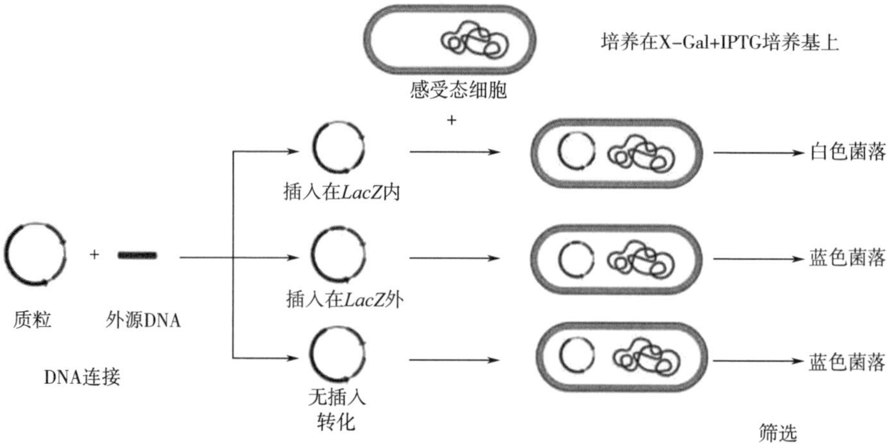

图 2-8 蓝白斑筛选的原理示意图

三、实验用品

1. 实验材料

PCR 纯化产物、感受态细胞等。

2. 实验试剂

T4 连接酶、pUCm-T 载体、PEG4000、X-gal、IPTG、氨苄青霉素（Amp）、固体琼脂糖等。

3. 实验仪器

超净工作台、摇床、微量移液器等。

四、实验步骤

实验主要步骤如图 2-9 所示：

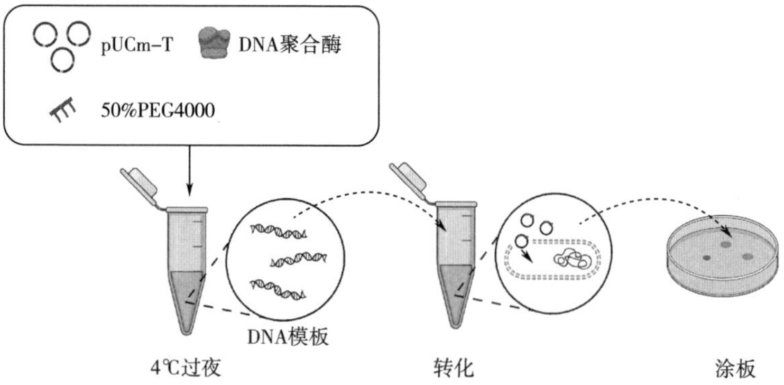

图 2-9 通过 pUCm-T 载体进行 DNA 重组转化的示意图

1. 实验准备工作

（1）配液 分别配制氨苄青霉素 100mg/mL（1mL），IPTG（50mg/mL），X-gal

(20mg/mL) 和 LB 固体培养基。配制 LB 固体培养基时，称取 20g LB 固体培养基粉末，溶于 500mL 超纯水中，用 NaOH 调节 pH 至 7.4，121℃ 条件下高压灭菌 20min。

(2) 培养基预处理　当温度降至不烫手时，加入氨苄青霉素（终浓度为 50μg/mL）和 IPTG，X-Gal。

(3) 倒板　一般 15mL 倒 1 个培养板。培养基倒入培养皿后，打开盖子，在紫外灯下照 10~15min。

(4) 保存　用封口胶封边，并倒置放于 4℃ 避光保存，2 周内使用。

2. DNA 连接

取表 2-4 所示试剂，混合均匀，(20±5)℃ 静置 1h，或者 4℃ 过夜。取 10μL 连接产物转化感受态细胞。

表 2-4　　**DNA 连接体系**

试剂	使用量/μL	试剂	使用量/μL
目的 DNA 模板	2	50%PEG4000	1
pUCm-T 载体	1	双蒸水	4
T4 连接酶	1	总量	10
缓冲液	1		

3. 细菌转化

(1) 取 100μL 感受态细胞悬液置冰上。

(2) 加入 10μL DNA，轻轻摇匀，冰上放置 30min。

(3) 42℃ 水浴中热击 90s，热击后迅速置于冰上冷却 5min。

(4) 向管中加入 900μL LB 液体培养基，混匀后 37℃ 振荡培养 45min~1h。

(5) 将上述菌液摇匀后取 200μL 涂布于 Amp/IPTG/X-gal 的筛选平板上，待菌液完全被培养基吸收后倒置培养皿，37℃ 培养 16~24h。

五、实验结果

观察 LB 固体培养板的阳性克隆子情况，并拍照，计算并分析对照组、pUCm-T 载体阳性对照以及重组质粒转化组的菌落生长情况。

六、注意事项

1. 倒平板前往培养基中加入氨苄青霉素时应注意温度的把握，即培养基握在手里不烫手时迅速加入适量氨苄青霉素，然后抓紧时间倒平板。因为温度过高时，氨苄青霉素受热易分解，温度低时培养基凝固。

2. 做连接实验时，加样顺序先加双蒸水，其次是 10×缓冲液和 DNA，最后加连接酶。

3. 做转化时，注意做好阴性和阳性对照，各培养皿做好标记，防止混淆。

4. 酶切、连接及转化等涉及微生物部分的实验要注意无菌操作，涉及分子实验的部分虽然不用无菌，但要注意不要污染杂质。

5. 含有 X-gal 的培养基需在 4℃避光保存，且在 1~2 周内使用。

6. 连接反应请在 25℃以下进行，温度升高（>26℃）较难形成环状 DNA。连接效率偏低时，可适当延长连接反应时间至数小时。

七、思考题

1. 试述转化实验的注意事项。
2. 怎样提高连接转化效率？
3. 转化后的菌落全为蓝色，但有目的 DNA 片段的插入，为什么？

实验七　菌落 PCR

一、实验目的

通过本实验学习菌落 PCR 的基本原理与实验技术。

二、实验原理

菌落 PCR（colony PCR）是一种快速、高通量筛选目的片段是否存在的常用方法，是 Gussow Clackson 在 1989 年建立的，主要流程如图 2-10 所示。常规的 PCR 扩增需要进行细菌培养、质粒制备等多步操作后才能进行基因扩增，操作烦琐，耗时较长，同时在反复的操作中 DNA 量损失也较大，产率较低。菌落 PCR 与一般 PCR 的基本原理相同，不同点在于菌落 PCR 模板不是提纯的 DNA，是菌落细胞破裂后释放的 DNA。重组子经过蓝白斑筛选后，可能会有假阳性的结果，可通过菌落 PCR 方法对重组子进一步进行快速鉴定。以重组菌落作为 PCR 扩增模板，采用外源基因特异性引物进行扩增，如果重组质粒转化入宿主细胞，则可以扩增得到预期大小的目的片段。

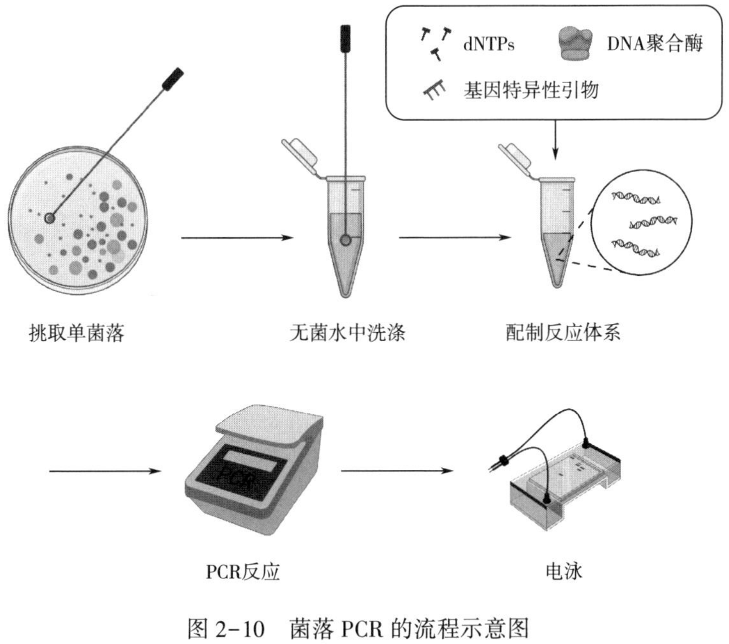

图 2-10　菌落 PCR 的流程示意图

三、实验用品

1. 实验材料

转化蓝白斑筛选的培养板。

2. 实验试剂

反转录试剂盒 HiScript Q RT SuperMix for qPCR（+gDNA wiper）、琼脂糖、5×TAE 电泳缓冲液、6×电泳上样缓冲液、Goldview Ⅰ型核酸电泳染料、2000DNA Marker 等。

3. 实验仪器

恒温箱、微量振荡器、PCR 仪、水平式电泳仪、凝胶成像系统、称量天平、恒温水浴锅、微波炉或者电炉、微量移液器等。

四、实验步骤

（1）常温下随机挑选转化板上的转化子，用灭菌的牙签或吸头挑取少量菌体，在 LB 琼脂糖平板上轻点，做一拷贝；然后将蘸有菌体的牙签或吸头置于 15μL 无菌水中，吹打混匀，从中取 2μL 菌液作为菌落 PCR 模板。

（2）按表 2-5 所示，混匀下列试剂。

表 2-5　　**PCR 体系**

试剂	使用量/μL	试剂	使用量/μL
2×TaqMix	12.5	cDNA	2.0
正向引物（10μmol/L）	2.0	不含 RNase 的去离子水	1.5
反向引物（10μmol/L）	2.0	总量	20.0μL

混匀后离心 5s。沸水中煮 10min。

PCR 条件：95℃变性 10min，95℃变性 15s，57℃退火 30s，72℃延伸 120s，循环 30 轮。72℃保温 10min，反应产物扩增充分，4℃保存。

注意：设含除模板 DNA 外所有其他成分的阴性对照。

电泳鉴定：方法同实验二（1.5%琼脂糖凝胶）。

五、实验结果

记录菌落 PCR 后的 DNA 电泳图谱。

六、注意事项

1. 挑选菌落时，吸头深浅要掌握好，菌体尽量多的粘到吸头，如果菌落较小，建议继续培养一段时间。尽量挑选表面光滑、相对独立的菌落。

2. 正确设置阳性和阴性对照。筛选某一序列时，加入一个含有已知序列的质粒作为阳性对照，可以证明反应体系和反应程序的正确性；阴性对照，在一管反应体系中不加入模板，理论上不会出现条带，如果出现条带，证明体系中受到污染。

3. 使用的引物浓度不能太高，浓度过高会导致非特异性扩增，反应的循环数也不能太多，一般不超过 25 个。同时因为扩增片段的 GC 含量（鸟嘌呤和胞嘧啶所占的比例）问题，有的 GC 含量很低，有的又很高，导致菌落 PCR 不容易扩增出目的条带，建议在设置 PCR 程序时以高 GC 的温度为上限，每一循环降 0.2℃左右。

4. 减少扩增循环数，25~30 个循环对菌落 PCR 比较合适，扩增循环数过多会产生假阳性。

七、思考题

1. 菌落 PCR 体系中阳性对照和阴性对照的作用分别是什么？
2. 如何避免菌落 PCR 中出现假阳性？
3. 菌落 PCR 有哪些应用？

实验八　质粒提取及外源基因的酶切鉴定

一、实验目的

1. 掌握质粒提取的原理和方法。
2. 学习和掌握限制性酶切的使用方法。

二、实验原理

重组克隆的筛选和鉴定是基因工程中的重要环节之一。不同的克隆载体和相应的宿主系统，其重组克隆的筛选和鉴定方法不尽相同。从理论上说，重组克隆的筛选是排除自身环化的载体、未酶解完全的载体以及非目的 DNA 片断插入的载体所形成的克隆。常用的筛选方法有两类，一类是针对遗传表型改变筛选法，以半乳糖苷酶系统筛选法为代表；另一类是分析重组子结构特征的筛选法，包括快速裂解菌落鉴定质粒大小、限制酶图谱鉴定、DNA 印迹法（又称 Southern 印迹法）、PCR、菌落（或噬菌斑）原位杂交等方法。

Vazyme FastPure Plasmid Mini Kit 柱式质粒小量抽提试剂盒是一种质粒小量抽提试剂盒。试剂盒中采用了一种新型的吸附材料，新吸附柱拥有良好的流速、超强的 DNA 结合能力和优秀的洗脱效率。改良的配方使试剂盒的菌液裂解能力、DNA 与吸附柱的结合能力大大加强，新型裂解染料 VisualLyse 的加入让裂解过程变得可视、可控，实现质粒得率最大化。对于高拷贝质粒，从 6mL 过夜菌液（$A_{600}=2.0$）中可以获得超过 35μg 的质粒 DNA。操作过程快速、方便，无须使用酚/氯仿抽提，无须乙醇沉淀，整个抽提过程可以在 20min 内完成。由本试剂盒抽提得到的质粒纯度高，A_{260}/A_{280} 比值一般在 1.8~1.9，A_{260}/A_{230} 比值大于 2.0，可直接用于转化、DNA 测序、PCR、基于 PCR 的突变、体外转录、酶切等后续实验。

外源基因鉴定采用限制酶图谱鉴定。核酸限制性内切酶是在原核生物中发现的一类专一识别双链 DNA 中特定碱基序列的核酸水解酶，它们的功能类似于高等动物的免疫系统，用于抗击外来 DNA 的侵袭。现已发现几百种限制性内切酶，分子生物学中经常使用的是 II 型限制性内切酶，它能识别双链 DNA 分子中特定的靶序列（4~8bp），以内切方式水解核酸链中的磷酸二酯键，产生的 DNA 片段 5′端为 P，3′端为 OH。由于限制性内切酶能识别 DNA 特异序列并进行切割，因而在基因重组、DNA 序列分析、基因组甲基化分析、基因物理图谱绘制及分子克隆等技术中应用广泛。酶活力通常用酶单位（U）表示，酶单位的定义是：在最适反应条件下，1h 完全降解 1μg DNA 的酶量为一个单位。pUCm-T 是一种新颖的 pUC 系列 T 载体，插入位点两端独特设计的两个 PstI 位点使插入片段可以用 Pst I 单酶切进行检测，也可以用非常廉价而高效的 EcoR I 和 Hind III

双酶切进行检测。

三、实验用品

1. 实验材料

蓝白斑筛选的单菌落培养板。

2. 实验试剂

Vazyme FastPure Plasmid Mini Kit 柱式质粒小量抽提试剂盒、限制性内切酶 PstI 及 10×酶切缓冲液、琼脂糖、50×TAE 电泳缓冲液、6×电泳上样缓冲液、4S GREEN PLUS 型核酸电泳染料、2000DNA Marker。

3. 实验仪器

高速冷冻离心机、恒温箱、微量涡旋振荡器、PCR 仪、水平式电泳仪、凝胶成像系统、称量天平、恒温水浴锅、微波炉或者电炉、微量移液器等。

四、实验步骤

1. 质粒提取

质粒提取的大致流程如图 2-11 所示，具体介绍如下。

（1）选择在 IPTG/X-gal 平板上生长的白色菌落，用牙签挑至含氨苄青霉素的液体培养基，37℃培养过夜。

（2）取 1.5mL 培养液倒入 1.5mL EP 管中，10000×*g* 离心 1min。弃培养基，倒扣于吸水纸上吸尽残液。

（3）向留有菌体沉淀的离心管中加入 250μL 缓冲液 P1（检查缓冲液 P1 是否已经加入 RNase A），用微量移液器或涡旋振荡器混匀。

（4）向步骤（3）离心管中加入 250μL 缓冲液 P2，温和的上下颠倒混匀 8~10 次，使菌体充分裂解。

（5）向步骤（4）离心管加入 350μL 缓冲液 P3，立即温和的上下颠倒混匀 8~10 次，让溶液彻底中和缓冲液 P2。此时应出现白色絮状沉淀。13000×*g* 离心 10min。

（6）将 FastPure DNA Mini Columns 吸附柱置于 2mL 收集管中。将步骤（5）上清液用微量移液器小心转移至吸附柱中，注意不要吸附到沉淀。13000×*g* 离心 30~60s。倒掉收集管中的废液，把吸附柱重新放回收集管中。

（7）加入 500μL 缓冲液 PW1 至吸附柱中。13000×*g* 离心 30~60s。弃废液，把吸附柱重新放回收集管中。

如果宿主菌是 end A+（TG1、BL21、HB101、JM 系列、ET12567 等），这些宿主菌含有大量的核酸酶，易降解质粒 DNA，推荐采用此步。如果宿主菌是 end A-（DH5α，TOP10 等），此步可省略。

（8）加入 600μL 缓冲液 PW2（检查是否已用无水乙醇稀释）至吸附柱中。13000×*g* 离心 30~60s。弃废液，将吸附柱重新放回收集管中。

（9）重复步骤（8）。

（10）把吸附柱放回收集管中。13000×g 离心 1min，干燥吸附柱，目的是将吸附柱中残留的漂洗液彻底去除。

（11）把吸附柱置于一个新的灭菌的 1.5mL 离心管中，加入 30~100μL 洗脱缓冲液至吸附柱的膜中央。室温静置 2min，13000×g 离心 1min 洗脱 DNA。

（12）弃去吸附柱，DNA 产物可保存于-20℃，以防止 DNA 降解。

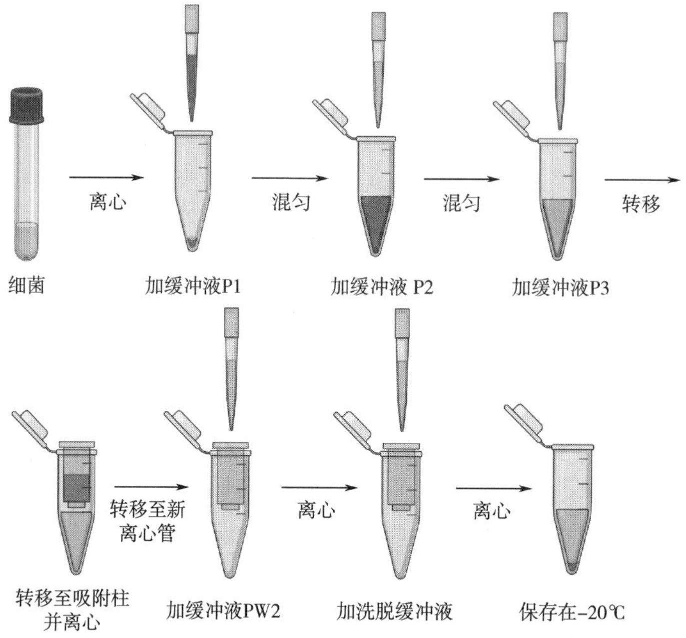

图 2-11　质粒提取的流程示意图

2. 酶切反应

（1）如表 2-6 所示，在灭菌的 0.5mL EP 管中加入重组质粒 DNA 1μg 和相应的 10×M 缓冲液 2μL，再加入灭菌双蒸水至酶切总体积为 20μL，将管内溶液混匀后各加入 1μLHindⅢ和 1μL EcoR1，用手指轻弹管壁使溶液混匀或用微量离心机甩一下，使溶液集中在管底。

表 2-6　　酶切反应加样表

试剂	使用量
重组质粒 DNA	1μg（根据质粒浓度计算体积）
10×M 缓冲液	2μL
HindⅢ和 EcoR1	1μL+1μL
灭菌双蒸水	xμL（根据质粒的体积补齐 20μL）
总量	20μL

（2）混匀反应体系后，如图 2-12 所示，将 EP 管置于适当的支持物上（如插在泡沫塑料板上），37℃水浴保温 3~5h，使酶切反应完全。

（3）置 65℃水浴中 10min，对限制性内切酶进行灭活，不同的酶灭活条件可能不同，可参照说明书进行。灭活后的酶切溶液置于冰箱中保存备用。

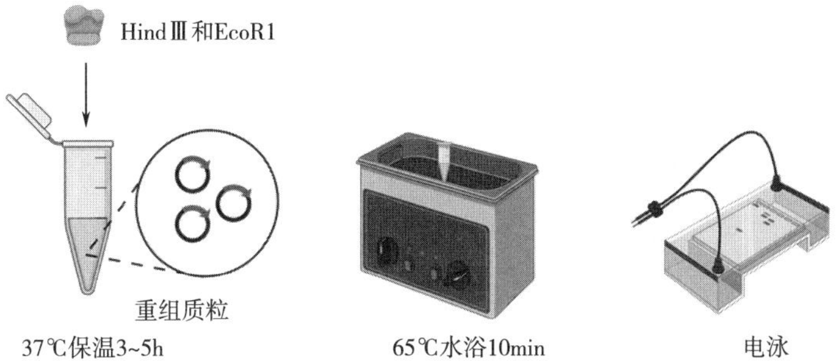

图 2-12 质粒双酶切检测示意图

3. 琼脂糖凝胶电泳检测酶切结果（同实验二）。

五、实验结果

记录重组质粒酶切琼脂糖凝胶电泳检测结果。

六、注意事项

1. 质粒提取过程中，要用新鲜的菌液，处于对数期的菌质粒提取率最高，过度培养的菌可能存在菌死亡，产生杂质，细菌老化且 DNA 降解，菌液量也要适当，不然容易裂解不充分，严重影响得率和纯度。

2. 酶切反应整个过程应注意吸头洁净，为防止酶活力的下降，取酶液时应在冰上操作且动作迅速。

3. 可适当延长酶切的时间或者通过增加酶量的方式提高酶切效率。

4. 由于 EDTA 的存在会抑制酶的活性，通常采用加热的方法终止酶切。

七、思考题

请列举几种筛选阳性克隆的方法并比较各自的应用优势和不足。

实验九　一步克隆法制备绿色荧光蛋白（GFP）重组大肠杆菌

一、实验目的

1. 掌握一步克隆法的实验基本原理和技术。
2. 制备表达绿色荧光蛋白（GFP）的重组大肠杆菌。

二、实验原理

重组载体的构建技术是分子生物学和基因工程研究中最常用的技术之一。常规的方法包括在片段两端设计不同的限制性内切酶识别位点，通过复杂的酶切和连接的过程。该方法操作烦琐，涉及较多的酶切、连接和转化的过程，特别是对于多片段的重组，其中任何一个步骤的失败都会导致最终转化不成功，且成功率较低。

一步克隆的方法是一种可以快速进行多基因片段克隆的新型 DNA 无缝克隆技术，具有简单、快速并且高效的特点，可将插入片段定向克隆至任意载体的任意位点。一步克隆的基本原理是利用 DNA 片段中通过引物设计装配与载体相同的碱基序列，这样就能实现将扩增的 DNA 产物定向插入任何线性化载体的任何位点，利用同源重组，不需要 DNA 连接酶即可完成线性化载体和插入片段的重组。如图 2-13 所示，将载体进行线性化，在插入片段正/反向 PCR 引物 5′端引入线性化载体的末端序列，使得 PCR 产物 5′和 3′最末端分别带有和线性化载体两末端一致的序列（15～20bp）。这种 PCR 产物和线性化载体按比例混合后，在重组酶的催化下，37℃反应 30min 即可进行转化，完成定向克隆。

三、实验用品

1. 实验材料

DH5α（pGLO-J23100）、DH5α（pUC 19）感受态细胞，引物（表 2-7）。

表 2-7　一步克隆引物序列表

名称	序列	T_m/℃
GFP-F	taaaacgacggccagtgaatCACCCGTTTTTTTGGGCTAG	52
GFP-R	gctatgaccatgattacgccCCGAGCTCGAATTCATTAT	52
pUC-F	ggcgtaatcatggtcatagc	56
pUC-R	attcactggccgtcgtttta	56

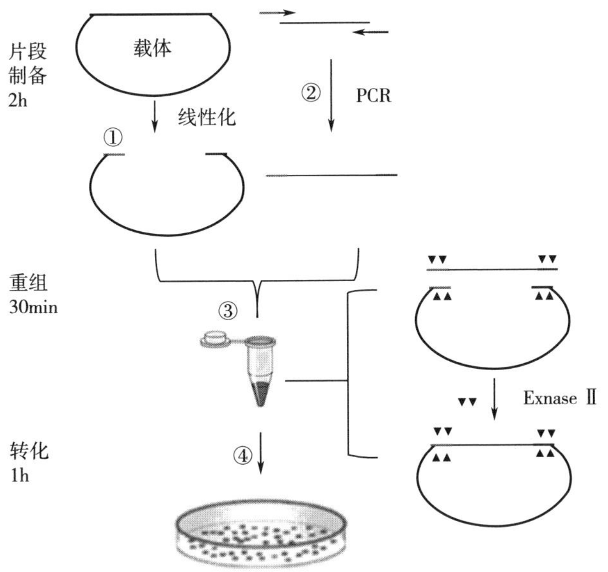

彩图 2-13

图 2-13 一步克隆法实验原理示意图

①载体线性化：通过酶切或反向 PCR 获得线性化载体；②插入片段获得：将线性化载体末端 15~20bp 序列作为同源序列（红色和绿色标记），并将其分别添加到基因特异性正/反向扩增引物序列的 5′端，以此引物对扩增得到带有同源序列的插入片段；③重组反应：将线性化载体和插入片段按比例混合，在 Exnase Ⅱ催化下，37℃反应 30min 即可完成重组反应，实现两线性化 DNA 的体外环化；④转化感受态细胞：重组产物直接进行转化，平板上会形成数百个单克隆供后期阳性筛选。

2. 实验试剂

Vazyme ClonExpress® Ⅱ One Step Cloning Kit。

3. 实验仪器

高速冷冻离心机、恒温箱、PCR 仪、水平式电泳仪、凝胶成像系统、称量天平、恒温水浴锅、微波炉或者电炉、微量移液器等。

四、实验步骤

一步克隆法制备 GFP 重组大肠杆菌的实验流程如图 2-14 所示，具体如下。

1. 制备线性化载体与插入片段

（1）挑取 DH5α（pGLO-J23100）、DH5α（pUC 19）单菌落，加入到含有 10μL 超纯水的 PCR 管中，PCR 仪中 95℃、5min，16℃、1min，以此做 PCR 的模板。

（2）按表 2-8 配制 PCR 体系（50μL）。

（3）配好体系后，混合均匀，按以下程序进行 PCR 反应。

扩增目的片段 GFP 的 PCR 条件：95℃变性 10min，95℃变性 15s；52℃退火 15s，72℃延伸 60s，循环 35 轮；72℃保温 10min，反应产物扩增充分，4℃保存。

扩增线性化载体 pUC 19 的 PCR 条件：95℃变性 10min，95℃变性 15s；56℃退火 15s，72℃延伸 105s，循环 35 轮；72℃保温 10min，反应产物扩增充分，4℃保存。

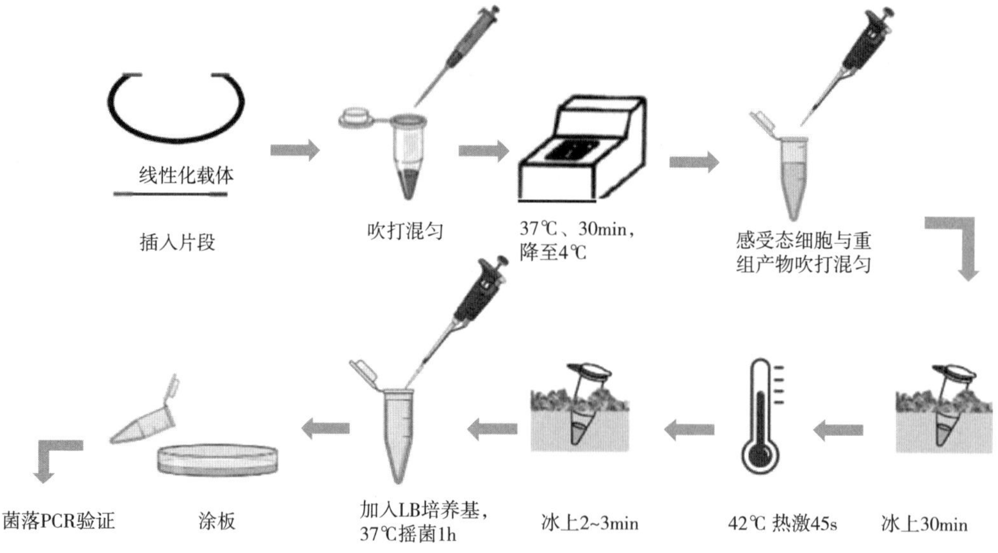

图 2-14　一步克隆法制备 GFP 重组大肠杆菌的实验流程

表 2-8　**PCR 体系配制表**

名称	体积/ μL	名称	体积/ μL
引物-F	2	酶 Phanta Mix	25
引物-R	2	双蒸水	20
模板	1		

（4）琼脂糖凝胶电泳确定 PCR 产物大小。

（5）纯化 PCR 产物。

2. 计算线性化载体与插入片段的使用量

（1）浓度测定　测定已纯化好的线性化载体和插入片段的浓度。

（2）载体片段使用量计算

最适克隆载体使用量 X（ng）= 0.02×克隆载体碱基对数 2633bp

最适插入片段使用量 Y（ng）= 0.04×插入片段碱基对数 832bp

3. 重组反应

（1）按表 2-9 于冰上配制以下反应体系。

表 2-9　**重组过程加样表**　单位：μL

组分	重组反应	阴性对照-1	阴性对照-2	阳性对照
线性化载体	X	X	0	1
插入片段	Y	0	Y	1
5×CE Ⅱ缓冲液	4	0	0	4

续表

组分	重组反应	阴性对照-1	阴性对照-2	阳性对照
Exnase Ⅱ	2	0	0	2
双蒸水	加至 20	加至 20	加至 20	加至 20

注：*X*、*Y* 是根据公式计算得到的载体用量和插入片段用量。

（2）使用微量移液器轻轻吸打混匀（请勿振荡混匀），短暂离心，将反应液收集至管底。

（3）37℃反应 30min，降至 4℃或立即置于冰上冷却。

4. 重组产物转化

（1）在冰上解冻克隆感受态细胞。

（2）取 10μL 重组产物加入到 100μL 感受态细胞中，轻弹管壁混匀（请勿振荡混匀），冰上静置 30min。

（3）42℃水浴热激 45s 后，立即置于冰上冷却 2~3min。

（4）加入 900μL LB 培养基（不添加抗生素），37℃ 摇菌 1h（转速 200~250r/min）。

（5）将相应抗性的 LB 固体培养基平板在 37℃培养箱中预热。

（6）5000r/min 离心 5min，弃掉 900μL 上清液。用剩余培养基将菌体重悬，用无菌涂布棒在含有正确抗性的平板上轻轻涂匀。

（7）37℃培养箱中倒置培养 12~16h。

5. 重组产物鉴定

过夜培养后，挑取重组反应转化平板上若干个克隆进行菌落 PCR 鉴定，扩增引物至少使用一条载体上的通用测序引物。

五、实验结果

记录菌落 PCR 琼脂糖凝胶电泳检测结果。

六、注意事项

1. 在计算线性化载体和插入片段的使用量时，注意以下几点。

（1）当插入片段长度大于克隆载体时，最适克隆载体与插入片段使用量的计算方式应互换，即将插入片段当作克隆载体，克隆载体当作插入片段进行计算。

（2）线性化克隆载体的使用量应在 50~200ng；插入片段扩增产物的使用量应在 10~200ng。当使用公式计算 DNA 最适使用量超出这个范围时，直接选择最低/最高使用量即可。

（3）线性化克隆载体和插入片段扩增产物未进行 DNA 纯化直接使用时，加入总体积应不超过反应体系体积的 1/5，即 4μL。

2. 在进行重组反应时，建议在 PCR 仪等温控比较精确的仪器上进行。重组效率在反应 30min 左右时达到最高，反应时间不足或者太长都会降低克隆效率。

3. 重组产物转化体积最多不应超过所用感受态细胞体积的 1/10。

七、思考题

简述设置阴性对照-1，阴性对照-2 和阳性对照的目的。

实验十　大肠杆菌中 GFP 的诱导表达及荧光显微镜观察

一、实验目的

1. 掌握在大肠杆菌（*E. coli*）中诱导蛋白表达的实验方法。
2. 了解原核表达的原理和荧光显微镜的工作原理。

二、实验原理

1. *E. coli* 表达系统

E. coli 是重要的原核表达体系。在重组基因转化入 *E. coli* 菌株以后，通过温度的控制，诱导其在宿主菌内表达目的蛋白质（绿色荧光蛋白），并通过荧光显微镜进行观察。

2. 外源基因的诱导表达

提高外源基因表达水平的基本手段之一，就是将宿主菌的生长与外源基因的表达分成两个阶段，以减轻宿主菌的负荷。常用的有温度诱导和药物诱导。本实验采用 IPTG 诱导外源基因表达。因启动子不同，不同的表达质粒表达方法并不完全相同，诱导表达要根据具体情况而定。

3. 表达载体 pUC 19

pUC 19 是实验室常用的载体（图 2-15），其结构组成紧凑，适合于 DNA 片段的克隆、进行 DNA 测序、对外源基因进行表达等。由于 pUC 19 载体在 *LacZ* 领域中含有多克隆位点，因此在以 *LacZ* 欠缺细胞作为宿主进行转化后，在含有 IPTG、X-Gal 的平板培养基上进行培养时，可以很容易地通过蓝白斑筛选，判断载体中有无 DNA 片段的插入。同时还可以通过载体上的 *Lac* 启动子（*Lac* promoter）表达外源基因。

4. 荧光显微镜

荧光显微镜是以紫外线为光源，用以照射被检物体，使之发出荧光，然后在显微镜下观察物体的形状及其所在位置。荧光显微镜用于研究细胞内物质的吸收、运输、化学物质的分布及定位等。

5. 绿色荧光蛋白

最早出现的绿色荧光蛋白（green fluorescent protein，GFP）是由下村修等人 1962 年在一种学名 Aequorea victoria 的水母中发现，之后又在海洋珊瑚虫中分离得到了第二种 GFP。其中水母 GFP 是由 238 个氨基酸组成的单体蛋白质，分子质量约 27kDa，GFP 荧光的产生主要是在氧气存在下，分子内第 67 位的甘氨酸的酰胺对第 65 位丝氨酸的羧基的亲核攻击形成第 5 位碳原子咪唑基，第 66 位酪氨酸的 $\alpha-2\beta$ 键脱氢反应之后，导致芳香团与咪唑基结合，这样 GFP 分子中就形成对羧基苯甲酸唑环酮生色团发出荧光。

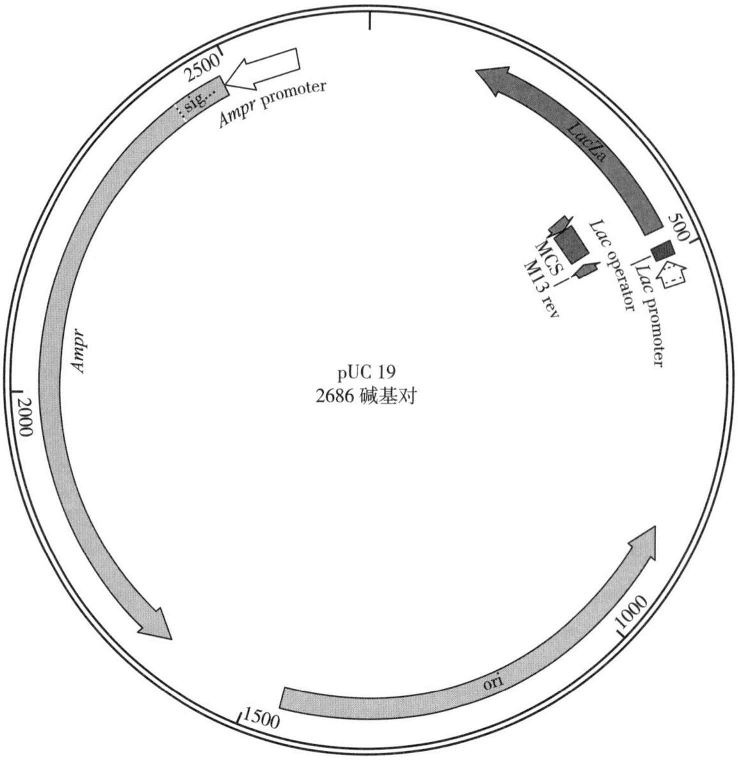

图 2-15　pUC 19　表达载体的图谱

三、实验材料、试剂和仪器

1. 实验材料

LB 液体培养基（Amp 抗性）、pUC 19 菌液（DH5α 菌株）。

2. 实验试剂

IPTG。

3. 实验仪器

低温摇床、分光光度计、离心机、荧光显微镜等。

四、实验步骤

GFP 重组大肠杆菌诱导表达的显微镜观察实验如图 2-16 所示，具体步骤如下。

（1）将 2mL pUC 19-GFP 菌液转接至 50mL LB 液体培养基中，37℃ 摇菌 2~3h。

（2）分光光度计测菌液吸光度值，当吸光度值达到 0.4~1 时可进行诱导。

（3）向菌液中加入 25μL IPTG 母液（1mL）至终浓度为 0.5mmol/L，28℃ 诱导过夜。

（4）第二天离心收集菌体制片，荧光显微镜观察。

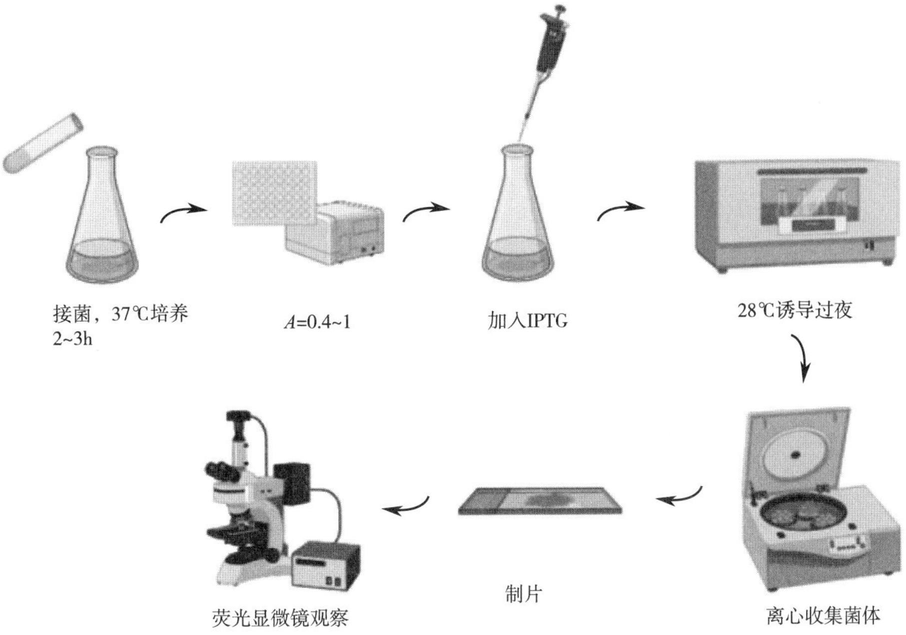

图 2-16　GFP 重组大肠杆菌诱导表达的显微镜观察实验

五、实验结果

记录荧光显微镜观察结果图。

六、注意事项

1. 含外源基因的表达菌株应预培养之后再转接至培养瓶中，最好不要将菌株直接接种于培养瓶培养，诱导表达。

2. 表达菌生长至 A_{600} 为 0. 6 左右适合诱导表达，应避免菌生长过浓。

七、思考题

原核表达目的蛋白的基本原理是什么?

第三章 CHAPTER 3

外源基因在酿酒酵母中的表达与鉴定

实验十一　外源基因的扩增

一、实验目的

通过本实验学习和掌握微生物培养技术和 PCR 技术。

二、实验原理

聚合酶链式反应简称 PCR，是一种由酶催化并在引物的指导下对特定模板进行扩增的反应，即模拟体内 DNA 复制过程，在体外对 DNA 片段特异性扩增的一种技术。PCR 扩增的模板是单链 DNA，底物是 4 种 dNTP（脱氧核糖核苷三磷酸），通过半保留复制在引物存在的情况下，由 DNA 聚合酶进行互补链的延伸，少量的模板 DNA 在反复多次循环下得以扩增。PCR 的循环过程可以概括为：变性、退火、延伸。

首先，模板 DNA 先进行变性，将其加热到 90~95℃，双螺旋结构解开成单链，以便模板 DNA 与引物结合，为后续反应做准备。之后，将模板 DNA 与引物的反应温度降至 37~65℃，寡核苷酸引物与模板的单链 DNA 互补配对结合。最后，在 72℃条件下，对引物进行延伸，以目的基因为模板，合成新 DNA 链。经过一次上述“变性—退火—延伸”的循环，DNA 模板拷贝数增加一倍。以此类推，对模板 DNA 完成扩增。

三、实验用品

1. 实验材料

含目的基因的 PCR 模板 DNA 等。

2. 实验试剂

IPTG（20mg/mL）、甘油、抗生素、电泳缓冲液、琼脂糖凝胶、溴化乙锭、生工 SanPrep 柱式 PCR 产物纯化试剂盒、生工 SanPrep 柱式 DNA 胶回收试剂盒等。

3. 实验仪器

三角瓶、培养皿、37℃恒温箱、高速低温离心机、恒温摇床、超净工作台、高压灭菌锅、微量移液器、水浴锅、分光光度计、pH 计、超声仪、电泳仪、电子天平、电磁炉等。

4. 培养基

LB（Luria Bertani）恢复培养基：蛋白胨 5g/L，酵母提取物 5g/L，NaCl 5g/L。

（1）LB 液体培养基　使用 NaOH 调节 pH 至 7.0，121℃灭菌 20min。

（2）LB 固体培养基　在 LB 液体培养基中加 15g/L 琼脂粉。

依据实验需求在 LB 固体或液体培养基中加入抗生素。

四、实验步骤

1. 大肠杆菌的培养

（1）固体培养　从甘油管中接种划线或将经过稀释或浓缩的菌液涂布到含有抗生素、IPTG 等的 LB 固体培养基上，于 37℃培养箱倒置培养 16~24h。

（2）液体培养　将采用平板划线法筛选出的单克隆菌落或者液体培养物，以 1%的接种量接种到 LB 液体培养基，在 37℃、170~190r/min 条件下培养 10~18h。

2. 目的基因的扩增

（1）PCR 扩增目的基因　用 PCR 技术扩增目的基因 *GalB*，基因来源为米黑根毛霉（*Rhizomucor miehei*），基因片段大小约 2400bp。其引物序列如下。

GalB-F1：GGATCCGATGTCGTTGACAAAAGATGCCT；

GalB-F2：GGATCCGATGAGGTTGTTGTTGATCACCG；

GalB-R：TCTAGATCATTT TTGTTGAACCCAAACAACT。

PCR 反应体系如表 3-1 所示：

表 3-1　**PCR 反应体系**

试剂	体积/μL	试剂	体积/μL
Taq PCR Master MIX	12.5	*GalB*-R	1
DNA 模板	0.5	双蒸水	10
GalB-F	1	总体积	25

PCR 反应程序设定如表 3-2 所示：

表 3-2　**PCR 反应程序设定**

步骤	温度/℃	时间
1	95	3min
2	94	40s

续表

步骤	温度/℃	时间
3	58	40s
4	72	60s
5	返回步骤 2	35 次循环
6	72	10min
7	16	24h 保温

（2）PCR 扩增产物凝胶电泳　取 2μL PCR 扩增产物用 1%琼脂糖凝胶电泳检测，具体操作如下。

①首先将电泳槽和插在凝胶中的梳子用蒸馏水冲洗干净，放在水平桌面上，并且将梳子架好。

②根据扩增的目的基因的核酸分子质量大小配制不同浓度的琼脂糖凝胶，此实验配制 1%的琼脂糖凝胶。

③配制 0.5×TBE 电泳缓冲液。取 100mL 缓冲液放入三角瓶中，继续称取一定量的琼脂糖粉加入其中，将其放在微波炉内加热溶化，待溶液冷却至 60℃时（此时可以加入溴化乙锭），倒入电泳槽中，等待其凝固。

④将剩余 0.5×TBE 电泳缓冲液倒入电泳槽中，缓冲液应没过胶面约 2mm，垂直拔掉梳子，样品孔内的气泡应尽量除去。

⑤将 0.2μL 的上样缓冲液加入到 DNA 样品中，混合均匀，在样品孔内小心点样，指示剂点样于凝胶两端的样品孔。

⑥以红色为正极，黑色为负极的方式接通电源（负极靠近加样孔），DNA 样品则由负极往正极泳动。电压为 1~5V/cm（长度由正负电极之间的距离计算得出）。

⑦一般指示剂泳动至凝胶下方的位置，即终止电泳。一般使用 50V 电压，电泳 20~40min。

⑧用溴化乙锭染色后，在紫外仪上观察电泳带的位置，将其与标准的核酸分子质量进行比较，得出扩增产物的大小。

当有杂带出现时，使用生工 SanPrep 柱式 DNA 胶回收试剂盒对其采用胶回收方法，具体步骤如下。

①通过琼脂糖凝胶电泳尽可能将目的 DNA 片段与其他片段分开，用干净的手术刀片将含目的 DNA 片段的琼脂糖凝胶块切下，放入 1.5mL 离心管中，称重。

注：a. 尽可能多地去掉不含目的 DNA 的琼脂糖；

b. 每管琼脂糖凝胶块不要超过 400mg，否则会导致溶胶不完全；

c. 切胶过程尽可能快，减少 DNA 在紫外线中的暴露时间以降低其对 DNA 的损伤。

②根据胶块的质量和浓度，按每 100mg 琼脂糖（如胶块不足 100mg 则用水补充至 100mg）加 300~600μL 的比例加入缓冲液 B2。

注：a. 凝胶浓度≤1%，每 100mg 凝胶加入 300μL 缓冲液 B2；

b. 1%<凝胶浓度≤1.5%，每 100mg 凝胶加入 400μL 缓冲液 B2。

③将离心管置于 50℃水浴锅中水浴 5~10min，期间不断观察混匀，直至琼脂糖胶块完全溶化。

注：胶块完全溶化即可，过长时间的处理可能会导致 DNA 损伤。

④当目的 DNA 片段<500bp 时，加入所使用的缓冲液 B2 体积 1/3 的异丙醇，混匀。当目的 DNA 片段≥500bp 时，此步骤可以省略，直接进行下一步。

⑤将溶化好的溶液全部移入吸附柱（最大 750μL），8000×*g* 离心 30s，倒掉收集管中的液体，将吸附柱放入同一个收集管中。

⑥向吸附柱中加入 300μL 缓冲液 B2，9000×*g* 离心 30s，倒掉收集管中的液体，将吸附柱放入同一个收集管中。

⑦向吸附柱中加入 500μL 的洗涤液，离心机 9000×*g* 离心 30s，倒掉收集管中的液体，将吸附柱放入同一个收集管中。再一次重复此步骤。

注：洗涤液首次使用前请检查是否已加入正确量的无水乙醇。

⑧将空吸附柱和收集管放入离心机，9000×*g* 离心 1min。

⑨将吸附柱转移至干净的 1.5mL EP 管中，在吸附膜中央加入 15~40μL 重悬液，室温静置 1~2min，9000×*g* 离心 1min。将所得到的 DNA 溶液置于-20℃保存或用于后续试验。

对单一条带使用生工 SanPrep 柱式 PCR 产物纯化试剂盒直接进行产物纯化，具体步骤如下。

①将 PCR 反应液或酶促反应液转移至一个干净的 1.5mL 离心管中，加入 5 倍体积的缓冲液 B3，充分混匀。

注：a. 首次使用前请先检查是否已加入适量的异丙醇。

b. 若反应液体积过小，可用 TE 缓冲液或水补足至 100μL，然后再加入 500μL 缓冲液 B3。

②将混合液全部移入吸附柱中，8000×*g* 离心 30s。倒掉收集管中的液体，将吸附柱放进同一个收集管中。

③向吸附柱中加入 500μL 洗涤液，9000×*g* 离心 30s。倒掉收集管中的液体，将吸附柱放入同一个收集管中。

注：洗涤液首次使用前要检查是否已加入正确量的无水乙醇。

④重复步骤③一次。

⑤将空吸附柱和收集管放入离心机中，9000×*g* 离心 1min。

⑥将吸附柱转移至干净的 1.5mL EP 管中，在吸附膜中央加入 15~40μL 重悬液（60℃预热超纯水即可），室温静置 1~2min，9000×*g* 离心 1min。将所得到的 DNA 溶液置于-20℃保存或用于后续实验。

五、注意事项

1. 实验为微生物实验，在操作过程中尽量避免污染产生。

2. 实验过程注意各步骤温度要求。

六、思考题

PCR 产物进行凝胶电泳时，为什么有时候会有杂带出现？应如何避免？

实验十二　质粒的构建

一、实验目的

1. 通过本实验学习和掌握微生物培养、T-A 克隆等技术。
2. 通过本实验掌握质粒构建的原理。

二、实验原理

质粒是细菌细胞中一种自我复制的环状双链 DNA 分子，能够稳定地独立存在于染色体外，并传递到子代。在分子生物学中，质粒是不可或缺的一种工具载体，质粒构建也是一种常用的实验技术。外源基因经 PCR 扩增后，用限制性核酸内切酶、DNA 连接酶等对目的基因和质粒载体进行酶切、连接，导入宿主细胞中，再通过一系列方法筛选鉴定获得重组克隆。这就是质粒构建的原理。

T-A 克隆是一种常用的分子生物学技术，依赖于 PCR 反应中所使用的聚合酶具有末端转移的活性，通常在克隆片段的 3′末端加上 A 尾（即 3′-A），通过 DNA 连接酶把克隆片段与一个具有 3′-T 突出的载体 DNA 连接起来。该方法操作简单，且具有较高的克隆效率，因此在分子克隆制备中具有广泛的应用。

三、实验用品

1. 实验材料

大肠杆菌 DH5α、pUCm-T-Gal（pMD 19-T-Gal）质粒、pYES2 质粒。

2. 实验试剂

IPTG（20mg/mL）、X-Gal（8mg/mL）、Amp、T 载体、PCR 产物快速连接试剂盒、生工 SanPrep 柱式质粒小量抽提试剂盒。

3. 实验仪器

三角瓶、培养皿、37℃恒温箱、高速低温离心机、恒温摇床、超净工作台、高压灭菌锅、微量移液器、水浴锅、分光光度计、pH 计、超声仪、电泳仪、电子天平、电磁炉。

4. 培养基

（1）LB（Luria Bertani）恢复培养基　蛋白胨 5g/L，酵母提取物 5g/L，NaCl 5g/L。

①LB 液体培养基：使用 NaOH 调节 pH 至 7.0，121℃灭菌 20min。

②LB 固体培养基：在 LB 液体培养基中加 15g/L 琼脂粉。

依据实验需求在 LB 固体或液体培养基中加入抗生素。

（2）LB+Amp+IPTG+X-Gal：T 载体筛选固体平板。

（3）LB+Amp：液体试管，用于接种 pYES2、pYES2-GalB（阳性对照）、pMD 19-T-Gal（阳性对照）、pUCm-T-Gal（自己构建）。液体试管用前再配制，空试管灭菌。

四、实验步骤

1. T-A 克隆

将纯化后的 PCR 扩增产物与 T 载体，用 T 载体 PCR 产物快速连接试剂盒连接起来，具体步骤如下。

（1）在 0.2mL PCR 管中配制如表 3-3 所示的连接体系。

表 3-3　　连接体系配制表

名称	体积/ μL	名称	体积/ μL
目的基因	X（0.2pmol）	50% PEG 4000	1
T 载体	1	T4 DNA 连接酶	1
2×连接缓冲液（2×Ligation Buffer）	5	灭菌双蒸水	补至体系总体积为 10μL

注：①T4 DNA 连接酶一般最后再加入体系。
②连接缓冲液一定要在使用前充分混匀溶解，体系加完后也要注意充分混匀。

（2）22℃下，体系连接 10min。

2. 感受态细胞的制备

制备感受态大肠杆菌 DH5α，具体步骤如下。

（1）在 LB 固体平板上划线培养大肠杆菌 DH5α，并于 37℃培养箱中培养 12h。

（2）在 1.5mL 离心管中，加入 1mL LB 液体培养基，并挑取上述培养的单菌落放入其中，于 37℃、200r/min 摇床中培养 8h。

（3）将上述菌液按 1∶100 的比例稀释至新的 LB 液体培养基中，于 37℃、200r/min 摇床中培养，直至最后测出的 A_{600} 在 0.5~0.7。

（4）将菌液加至 1.5mL 离心管中，冰浴 10min。接下来的步骤，都于无菌环境中，在冰上操作。

（5）将上述菌液于离心机中 3000×g、4℃离心 10min，弃上清液。

（6）取相当于菌液 1/3 体积的温度为 4℃的 0.1mol/L $CaCl_2$ 溶液加入细胞中，使细胞悬浮，并将其立即放入冰中冰浴 30min。

（7）冰浴后将细胞悬浮液于离心机中 4℃、1500×g 离心 10min，弃上清液。

（8）再次加入 100μL 温度为 4℃含 10%甘油的 0.1mol/L $CaCl_2$ 溶液使细胞悬浮。之后迅速用液氮速冻，于超低温冰箱中保存。

3. 大肠杆菌转化

将 T-A 克隆制备出的连接产物转化进上述的 DH5α 感受态细胞，具体步骤如下。

（1）取出 50μL 感受态细胞，放置在 1.5mL 离心管中，以下步骤均在冰上操作，加入 5μL 质粒，即连接产物 pMD19-T-GalB，冰浴 30min。

（2）将离心管金属浴，42℃热激 90s，结束后冰浴 3min。

（3）在离心管中加入 300μL 不含抗生素的 LB 培养基，37℃、150r/min 振荡培养 40min。

（4）将菌液涂布至之前配制的平板 LB+Amp+IPTG+X-Gal 中，倒置于培养箱中 37℃ 培养 12~14h。

4. 转化子筛选

在上一步培养的 LB 固体培养基上挑取白色菌落，此为阳性的单克隆菌落。取 1.5mL 无菌离心管，加入 1mL 的 LB（Amp+）液体培养基，并将阳性菌落接种至其中，37℃、200r/min 条件下培养 8h。

5. pUCm-T-Gal（pMD 19-T-Gal）、pYES2 质粒的提取

将大肠杆菌 DH5α［含有 pUCm-T-Gal（pMD 19-T-Gal）质粒、pYES2 质粒］接种于液体的 LB+Amp 培养基中，37℃、200r/min 培养过夜。使用生工 SanPrep 柱式质粒小量抽提试剂盒提取 pUCm-T-Gal（pMD 19-T-Gal）质粒、pYES2 质粒。

试剂盒第一次使用前须将 RNaseA 溶液全部加入缓冲液 P1 中，混匀标记好后储存在 2~8℃环境中。在洗涤液中加入一定量的无水乙醇（乙醇终浓度为 80%），混匀标记好后密封保存在室温环境中。缓冲液 P2 和缓冲液 P3 的沉淀情况需每次使用前检查，如有沉淀，则在 37℃使沉淀溶解，待冷却至室温后使用。

（1）取 1.5~5mL 之前准备的培养过夜的大肠杆菌 DH5α，8000×*g* 离心 2min，收集沉淀菌体，尽量吸干培养基。

（2）在收集的沉淀中加入 250μL 的缓冲液 P1，吹吸振荡至菌体彻底悬浮。菌体若没有彻底悬浮，会影响后续实验的质量以及得率。

（3）在悬浮菌液中加入 250μL 的缓冲液 P2，立即轻柔地上下颠倒离心管 5~10 次，使其混匀，在室温下静置 2~4min。

静置时间的选择与菌量的多少有关，菌量多则时间长，但最长不能超过 5min。样品较多时，每加入一管都立即对其混匀。

（4）继续加入 350μL 的缓冲液 P3，立即轻柔地上下颠倒离心管 5~10 次，使其混匀。

注：①样品较多时，每加入一管都立即对其混匀。

②加入缓冲液 P3 之后，离心管中会有大量白色絮状沉淀出现。

（5）于离心机 12000×*g* 离心 5~10min，将上清液全部移入吸附柱中，8000×*g* 离心 30s，将收集管中的液体倒尽，并将放入吸附柱收集管内。

吸附柱的最大有效容积为 750μL，裂解液过多时，可以重复几遍此步骤，以使裂解液全部流过吸附柱。

（6）在吸附柱中加入 500μL 的去蛋白液缓冲液 DW1，于离心机中 9000×*g* 离心 30s，将收集管中的液体倒尽。

对于本实验菌株 DH5α 这类 endA-宿主菌，可以省略此步骤，但此步骤可以降低蛋

白质的残留量。

（7）在吸附柱中加入500μL的洗涤液，离心机9000×*g*离心30s，将收集管中的液体倒尽。再次重复一次此操作。

（8）将空吸附柱和收集管于离心机中9000×*g*离心1min。此步很重要，因为乙醇的残留会严重影响后续实验和最后得率。

（9）准备一个干净的1.5mL离心管，将吸附柱放入其中。在吸附膜的中央加入50~100μL的洗脱液，在室温下静置1~2min，后于离心机9000×*g*离心1min，即得到所需的质粒DNA溶液，可以直接用于后续实验，也可置于-20℃保存。

注：①加入洗脱液前将其预热至60℃，此操作可以提高得率。

②如果所提质粒的大小在8kb以上，加入洗脱液后，将其在37~60℃水浴锅中温浴2min，可以显著提高产品得率。

五、注意事项

1. 不同菌株不同阶段的培养条件、培养基组成不同。
2. X-Gal需注意避光。

六、思考题

1. 大肠杆菌转化时菌液的A_{600}为什么要在0.5~0.7？
2. LB培养基中加入Amp、IPTG、X-Gal的目的是什么？

实验十三 表达载体的构建

一、实验目的

1. 通过本实验了解外源基因在真核细胞中表达的特点和方法。
2. 通过本实验学习和掌握微生物培养技术、基因重组技术等。

二、实验原理

酵母是一种单细胞真菌，它以芽殖或裂殖的方式进行无性繁殖。目前已知的酵母有1000多种，由56个属，500多个种组成。依据酵母菌产生孢子（子囊孢子和担孢子）的能力，可以将酵母分成三类：形成孢子的株系属于子囊菌和担子菌；不形成孢子但主要通过出芽生殖来繁殖的称为不完全真菌，或者称“假酵母”（类酵母）。

外源基因在原核生物中最成熟的表达系统是大肠杆菌，而在真核生物中最成熟的表达系统则是酵母菌。由于酵母培养方便，基因克隆实验中常用它作为真核生物受体细胞。酵母不仅克隆载体的种类有很多，其内也有质粒存在。这种质粒和大肠杆菌中的质粒可以构建出能够在细菌与酵母菌细胞之间穿梭的质粒，酵母克隆载体都是在这个基础上构建的。利用酵母表达外源基因有很大的优势：①酵母是真核生物中最简单的一种模式生物，操作简便；②有大规模的发酵历史，工艺技术简单成熟且成本较低；③酵母已经通过全基因组测序，基因表达调控机理比较清楚；④相比于原核细菌，它的蛋白翻译后加工系统成熟；⑤外源基因表达产物可以被其分泌至培养基中；⑥很多酵母甚至可以用于食品生产，是非常安全的基因工程受体系统。

目前，被广泛用于外源基因表达的酵母包括酿酒酵母、毕赤酵母、非洲酒裂殖酵母、多态汉逊酵母等。其中，外源基因表达最理想的是毕赤酵母，但是研究最详细、最深入的是酿酒酵母。

此实验选用酿酒酵母对转 α-半乳糖苷酶基因进行诱导表达。自1981年Hitzemom等成功地利用酿酒酵母表达人干扰素以后，人们陆续在其中表达出了乙型肝炎疫苗、人胰岛素等多种原核和真核蛋白。

酿酒酵母表达系统的载体主要有以下3种。

（1）游离质粒载体　游离质粒载体是一种带有染色体自主复制顺序（autonomously replicating sequence，ARS）的复制型质粒和带有酵母内源质粒2μm环的衍生质粒载体，该载体通常用于表达重组蛋白，但其具有不稳定、传代易丢失等缺点。这类载体可细分成3类：①酵母附加型载体（YEp）；②酵母复制质粒（YRp）；③酵母着丝质粒（YCp）。

（2）整合载体　整合载体不含有酵母自主复制序列，所以不能够在酵母中独立复制，要使这种载体里包含的基因得到稳定表达，须整合到酵母染色体中。

（3）酵母人工染色体（YAC） 酵母人工染色体是一种线状载体，由酵母复制质粒 pSZ213 衍生而来，其中含有选择性标记 Leu2、自主复制序列和端粒序列。由于酵母人工染色体的高度稳定性，它可以用于克隆大片段的 DNA（>100kb）。

此次实验中所用的酿酒酵母基因表达载体系统，是基于广泛使用的 pYES2 载体而构建的。pYES2 酵母表达载体是一种穿梭质粒，其中含有原核复制子和真核复制子，在酿酒酵母和大肠杆菌两种宿主菌内存在，它可以在酵母中表达重组蛋白，并且通过在酵母中进行过表达以研究基因功能。它的特点在于构建基因插入载体简单，并且能够使用原养型尿嘧啶进行转化株的筛选。pYES2 酵母表达载体包含下面这些关键因素：①启动子为 GAL1，这类启动子可以在酿酒酵母中被半乳糖高水平的诱导并表达目的蛋白，同时葡萄糖能够抑制其表达；②酵母中含有很多限制酶切位点，使得基因插入更加方便；③终止子为 CYC1，这类终止子能够有效终止 mRNA 的转录；④含有 *URA*3 基因，可以筛选出带有 *URA*3 基因型的酵母宿主菌株转化子；⑤含有氨苄抗性基因，方便后续在大肠杆菌中进行筛选。

三、实验用品

1. 实验材料

表达宿主菌酿酒酵母（WHU2d、Leu-、Trp-、Ade-、Ura-）、pUCm-T-Gal（pMD 19-T-Gal）质粒、pYES2 质粒、pYES2-GalB 质粒（阳性对照、含目标基因的酿酒酵母表达载体）、限制性内切酶 Xba I/BamH I、DH5α 感受态细胞等。

2. 实验试剂

0. 5×TBE 缓冲液（pH 8. 0）、琼脂糖等。

3. 实验仪器

37℃恒温箱、高速低温离心机、恒温摇床、超净工作台、高压灭菌锅、微量移液器、水浴锅、分光光度计、pH 计、超声仪、电泳仪、电子天平、培养皿、三角瓶、电磁炉等。

4. 培养基。

（1）LB（Luria Bertani）恢复培养基 蛋白胨 5g/L，酵母提取物 5g/L，NaCl 5g/L。

①LB 液体培养基：使用 NaOH 调节 pH 至 7. 0，121℃灭菌 20min。

②LB 固体培养基：在 LB 液体培养基中加 15g/L 琼脂粉。

依据实验需求在 LB 固体或液体培养基中加入抗生素。

（2）LB+Amp 重组酵母表达载体筛选固体平板。

（3）YPD 培养基 ①液体 YPD 培养基：蛋白胨 20g/L，酵母抽提物 10g/L，自然 pH 下 121℃灭菌 20min，20g/L 葡萄糖须在 110℃下单独灭菌 15min 后加入其中，使得碳源最终浓度为 2g/L。②固体 YPD 培养基：在液体 YPD 培养基中加 15g/L 琼脂粉。

四、实验步骤

1. 酿酒酵母的培养

（1）固体培养 将采用平板划线法筛选出的单克隆菌落或者液体培养物涂布在固体

YPD 培养基上，在 30℃培养箱中倒置培养 36~60h。

（2）液体培养　将采用平板划线法筛选出的单克隆菌落或者液体培养物，以 1%的接种量接种到液体 YPD 培养基中，30℃、190r/min 培养。

2. 酿酒酵母表达载体的构建

（1）目的基因与质粒双酶切　使用限制性内切酶 Xba I/BamH I 分别双酶切 pUCm-T-Gal 和 pYES2，反应体系如下。

在小 EP 管中配制如表 3-4 所示体系，并放置在 37℃金属浴锅中，反应 3h。

表 3-4　双酶切体系

试剂	体积/ μL	试剂	体积/ μL
10×单缓冲	2.5	T-Gal 或 pYES2	20.5
Xba I	1	双蒸水	0
BamH I	1	总体积	25

（2）构建表达载体　将上一步酶切的基因片段和载体 pYES2 连接，形成重组的表达载体 pYES2-Gal，连接体系如表 3-5 所示：

表 3-5　连接体系

试剂	体积/ μL	试剂	体积/ μL
5×快速连接缓冲液	4	快速 DNA 连接酶	1
目的基因（割胶回收 2.2kb）	6（可组内对照）	总体积	20
载体 pYES2（割胶回收）	9（可组内对照）		

在 EP 管中加入上述配制好的体系，首先放置在室温下连接 30min，之后将其转移至 PCR 仪，设置温度为 22℃，继续进行连接反应，或者在 4℃下连接过夜。

酿酒酵母表达载体如图 3-1 所示。载体的筛选标记是 *URA*3，宿主菌株是尿嘧啶缺陷型菌株，用半乳糖诱导载体表达。

（3）大肠杆菌转化　首先制备感受态大肠杆菌 DH5α，具体步骤见实验十二。将构建的表达载体转化进上述的 DH5α 感受态细胞中，具体步骤如下：

①取出 50μL 感受态细胞，放置在 1.5mL 离心管中，以下步骤均在冰上操作。

②加入 5μL 表达载体，即双酶切连接产物 pYES2-GalB，冰浴 30min。

③将离心管金属浴，42℃热激 90s，结束后冰浴 3min。

④于离心管中加入 300~500μL 不含抗生素的 LB 培养基，在 37℃下 150r/min 振荡培养 40min。

⑤将上述大肠杆菌菌液涂布至平板 LB+Amp 中，倒置在培养箱中，于 37℃培养 12~14h。

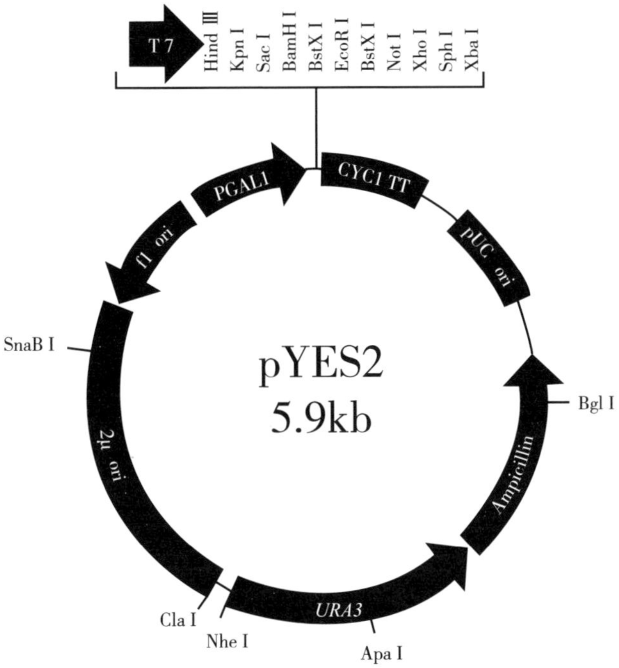

图 3-1 酿酒酵母表达载体

五、注意事项

1. 实验为微生物实验，在操作过程中尽量避免污染产生。
2. 实验过程注意各步骤温度要求。
3. 尽可能选择比较常用的酶切位点，且使用酶切效率高的酶。

六、思考题

1. 与大肠杆菌表达体系相比，酵母表达体系有哪些优缺点？
2. 酿酒酵母表达体系与毕赤酵母表达体系有何异同？

实验十四　表达载体的遗传转化

一、实验目的

1. 通过本实验了解酵母遗传转化的原理及方法。
2. 通过本实验学习和掌握转化子筛选技术等。

二、实验原理

聚乙二醇（PEG）是一种高分子聚合物，相对分子质量达到3000左右的PEG才会发挥最大的转化促进作用。因此，本实验选用相对分子质量为3350的PEG。在酵母转化中，PEG在高浓度醋酸锂环境中可以保护细胞膜，减少醋酸锂对细胞膜结构的过度损伤，同时使质粒与细胞膜接触更紧密。

醋酸锂可使酵母细胞产生一种短暂的感受性状态，此时它们能够摄取外源性DNA。鱼精DNA为短的线形单链DNA，在转化实验中保护质粒免于被DNA酶降解，并且在酵母细胞摄取外源性环形质粒DNA中发挥协助作用。每次使用前进行热变性，使可能结合的双链DNA打开，保证鱼精DNA在转化实验体系中以单链形式存在。

三、实验用品

1. 实验材料

表达宿主菌酿酒酵母（WHU2d、Leu-、Trp-、Ade-、Ura-）、pYES2-GalB质粒（阳性对照、含目的基因的酿酒酵母表达载体）等。

2. 实验试剂

IPTG（20mg/mL）、X-Gal（8mg/mL）、醋酸锂（1mol/L）；鱼精DNA（2mg/mL）、50% PEG 3350等。

3. 实验仪器

37℃恒温培养箱、高速低温离心机、恒温摇床、超净工作台、高压灭菌锅、微量移液器、水浴锅、分光光度计、pH计、超声仪、电泳仪、电子天平、培养皿、三角瓶、电磁炉等。

4. 培养基

（1）LB（Luria Bertani）恢复培养基　蛋白胨5g/L，酵母提取物5g/L，NaCl 5g/L。

①LB液体培养基：使用NaOH调节pH至7.0，121℃灭菌20min。

②LB固体培养基：在LB液体培养基中加15g/L琼脂粉。

依据实验需求在LB固体或液体培养基中加入抗生素。

（2）YPD 培养基

①液体 YPD 培养基：蛋白胨 20g/L，酵母抽提物 10g/L，自然 pH 下 121℃灭菌 20min，20g/L 葡萄糖须在 110℃下单独灭菌 15min 后加入其中，使得碳源最终浓度为 2g/L。

②固体 YPD 培养基：在液体 YPD 培养基中加 15g/L 琼脂粉。

（3）YNB（Ura-）固体平板：按表 3-6 所示，用去离子水配制 1L 培养基。

表 3-6 **YNB（Ura-）固体平板主要成分**

成分	质量/g	成分	质量/g
葡萄糖	20	L-色氨酸	0.02
酵母氮碱（YNB）	6.7	L-亮氨酸	0.1
腺嘌呤	0.04		

除却特定的氨基酸成分，液体培养基调节 pH 至 5.6，固体培养基加入 15g/L 的琼脂粉，调节 pH 至 6.5，121℃灭菌 20min。

四、实验步骤

1. 酵母感受态细胞的制备

（1）从 50mL 菌液中取 3mL 测量 A_{600} 的值，当 A_{600}=0.9 时，取剩余的 40mL 菌液到已灭菌的 50mL 离心管中，于离心机 8000r/min、4℃离心 5min，弃上清液。

（2）用 20mL 无菌水洗涤上述沉淀一次，于离心机 8000r/min、4℃离心 5min 去上清液。

（3）用 0.1mol/L 醋酸锂溶液 1mL 充分使细胞悬浮，并将悬浮液转移至 1.5mL EP 管中，12000r/min、4℃离心 1min，弃上清液。

（4）在 EP 管中加 200μL 0.1mol/L 醋酸锂溶液，上下充分振荡细胞悬液，取 50~200μL 悬液于 1.5mL EP 管中。

2. 酵母转化体系

（1）制备单链单体 DNA　将鱼精 DNA 在热水中煮沸 5min，迅速在冰上冷却，并放置在冰上。

（2）配制转化混合液　转化混合液体系如表 3-7 所示，按照顺序依次加入，注意全程在冰上操作。

表 3-7 **转化混合液**

试剂	体积/μL	试剂	体积/μL
菌液（EP 管中）	50	单链单体 DNA（2mg/mL）	25
500g/L PEG 3350	240	质粒（pYES2+GalB） 或连接产物	50 （不足用水补足）
醋酸锂（1mol/L）	36		

（3）将上述体系剧烈振荡 1min，使其充分混合，并放置在 28℃下保温 30min。

（4）于 42℃下，水浴热激 25min，在离心机里 12000r/min 离心 1min，弃上清液。

（5）加 200μL 无菌水到 1.5mL EP 管中，用微量移液器轻轻吹吸至悬浮，尽量避免剧烈振荡。

3. 涂布

涂布转化液之前先将 10μL IPTG 和 40μL X-Gal 涂布于 YNB（Ura-）筛选培养基上并晾干，然后取 50~200μL 菌液涂布其上。此步骤需设置 YPD、YNB 培养基对照组。涂布好的平板放置在 28℃培养箱中培养 2~3d。

4. 转化子筛选

如果转化子转化成功，酿酒酵母基因表达产生 α-半乳糖苷酶作用于底物 X-Gal，此时菌落显蓝色。观察实验结果，拍照记录。

五、注意事项

1. YNB 培养基平板的质感较软，涂布菌液时要小心。

2. 腺嘌呤比较难溶，要先溶解（超声处理、加热等方法可以促进溶解），再加到 YNB 培养基中。

3. 加转化混合液时要注意顺序，PEG 先于醋酸锂加入，可以阻挡高浓度醋酸锂对菌体的伤害。

4. PEG 选取的浓度必须适宜。

六、思考题

1. 鱼精 DNA 的作用有哪些？

2. PEG 的浓度应该如何选择？其作用有哪些？

实验十五　SDS-PAGE 鉴定蛋白质表达

一、实验目的

1. 通过本实验学习和掌握 SDS-PAGE 检测蛋白质的原理和基本操作。
2. 掌握分子电泳的基本步骤。

二、实验原理

十二烷基硫酸钠-聚丙烯酰胺（sodium dodecyl sulfate - polyacrylamide gel electrophoresis，SDS-PAGE）凝胶电泳可以依据蛋白质的分子质量将样品中的蛋白质在电泳胶中分离。此实验可以用于检测转 α-半乳糖苷酶在酿酒酵母中的表达情况，并分析目的蛋白质的纯度。

在样品上样前加入的含有 SDS 和 β-巯基乙醇的上样缓冲液可以使蛋白质分子带上负电荷，从而掩盖其本身的电荷差异，所以此时蛋白质得到的负电荷与其分子质量成正比，其电泳迁移率也主要取决于分子质量的大小。β-巯基乙醇是一种强还原剂，它可以切断蛋白质分子间的二硫键。SDS 是一种阴离子表面活性剂，它可以与蛋白质的疏水部位结合，并断开蛋白质分子内和分子间的氢键，将其拆分成亚单位，使所有的蛋白质分子带上负电荷，所以施用电压时，蛋白质分子都向凝胶的正极泳动。样品处理液中通常还会加入溴酚蓝染料，便于监控整个电泳过程。

当样品上样后，接通电流，此时凝胶中移动界面形成，其中 SDS 负电荷的多肽复合物向正极推进。样品首先经过高度多孔性的浓缩胶，在浓缩胶中，由于胶联度小，孔径大，蛋白质电荷受到的阻力小，因此不同的蛋白质可以浓缩到分离胶上成层，这使得所有蛋白质处于同一起跑线。当样品蛋白质泳动至分离胶时，由于其孔径小，且是一个整体的筛状结构，对小分子的阻力较小、大分子的阻力较大，以此形成的分子筛效应使得蛋白质出现迁移率的差异，最终蛋白质间相互分离。

三、实验用品

1. 实验材料

酿酒酵母粗蛋白液样品。

2. 实验试剂

去离子水、300g/L 丙烯酰胺-亚甲基双丙烯酰胺（Acr-Bis）、1.5mol/L Tris-HCl、1mol/L Tris-HCl、100g/L SDS、100g/L 过硫酸铵（APS）、10×Tris-甘氨酸、SDS-PAGE 电泳缓冲液、TEMED、2×蛋白质上样缓冲液、蛋白质标记物、蛋白质染色-固定液、脱色液。

3. 实验仪器

微量移液器、平皿、烧杯、量筒、电子天平、蛋白质电泳系统、水平摇床、凝胶成像系统。

四、实验步骤

1. 制胶

(1) 制备分离胶

①根据目的蛋白质分子质量大小选择适合的胶浓度，参考浓度如表 3-8 所示。

表 3-8　SDS-PAGE 分离胶的浓度与最佳分离范围表

SDS-PAGE 分离胶浓度	最佳分离范围	SDS-PAGE 分离胶浓度	最佳分离范围
6%胶	50~150kD	12%胶	12~60kD
8%胶	30~90kD	15%胶	10~40kD
10%胶	20~80kD		

②不同浓度的分离胶的配制组分不同，具体如表 3-9 所示。

表 3-9　SDS-PAGE 分离胶配制组分表

分离胶浓度/%	凝胶体积/mL	所需各组分体积/mL				
		双蒸水	300g/L Acr-Bis (29:1)	分离胶缓冲液	100g/L APS	TEMED
6	5	2.75	1.0	1.25	0.05	0.004
	10	5.5	2.0	2.5	0.1	0.008
	15	8.25	3.0	3.75	0.15	0.012
	20	11	4.0	5.0	0.2	0.016
8	5	2.42	1.33	1.25	0.05	0.003
	10	4.8	2.7	2.5	0.1	0.006
	15	7.25	4.0	3.75	0.15	0.009
	20	9.7	5.3	5.0	0.2	0.012
10	5	2.08	1.67	1.25	0.05	0.002
	10	4.17	3.33	2.5	0.1	0.004
	15	6.25	5.0	3.75	0.15	0.006
	20	8.3	6.7	5.0	0.2	0.008

续表

分离胶浓度/%	凝胶体积/mL	所需各组分体积/mL				
		双蒸水	300g/L Acr-Bis（29∶1）	分离胶缓冲液	100g/L APS	TEMED
12	5	1.75	2.0	1.25	0.05	0.002
	10	3.5	4.0	2.5	0.1	0.004
	15	5.25	6.0	3.75	0.15	0.006
	20	7.0	8.0	5.0	0.2	0.008
15	5	1.25	2.5	1.25	0.05	0.002
	10	2.5	5.0	2.5	0.1	0.004
	15	3.75	7.5	3.75	0.15	0.006
	20	5	10.0	5.0	0.2	0.008

③根据所选的分离胶浓度依次在烧杯中加入表 3-9 中组分，混匀体系。

④用微量移液器将上述混合液加入装备好的凝胶室中。

⑤加完混合液，在溶液上方缓缓加入一层去离子水，用以隔绝空气，使分离胶快速凝固，并且能够使分离胶上部保持平直并排除气泡。当胶与水层之间有清晰界面的形成，则分离胶配制完成。

（2）制备浓缩胶

①当分离胶与水层之间看到明显界面时，倒掉水层，并用吸水纸吸干水分。

②选用 5%SDS-PAGE 电泳，组分如表 3-10 所示。

表 3-10　　SDS-PAGE 浓缩胶配制组分表

凝胶体积/mL	所需各组分体积/mL				
	双蒸水	300g/L Acr-Bis（29∶1）	浓缩胶缓冲液	100g/L APS	TEMED
2	1.14	0.34	0.5	0.02	0.002
4	2.28	0.68	1	0.04	0.004
6	3.42	1.02	1.5	0.06	0.006
8	4.56	1.36	2.0	0.08	0.008

③根据所选的分离胶浓度依次在烧杯中加入表 3-10 中组分，混匀体系。

④用微量移液器将上述混合液加入分离胶上层，插上梳子，等待凝胶完全凝固。

2. 处理样品及上样

（1）处理样品

①取 10μL 酿酒酵母蛋白液样品于小离心管中，再向其中加入 10μL 2×蛋白质上样缓

冲液，混合均匀。

②将混合液放入 100℃金属浴锅中变性 5~10min。

（2）上样

①将上一步配制完毕的凝胶放置于电泳槽中，加入电泳缓冲液，拔去梳子。

②依次加入蛋白质标记物和蛋白质样品。

（3）电泳

①加好样后，盖好盖子，打开电泳装置，将电压调至 80~100V，观察样品进入分离胶后，将电压适当调大至 120~150V。

②观察染料迁移至凝胶底部时，关闭电源，撬开玻璃板，将凝胶放入平皿内。

3. 染色和脱色

（1）考马斯亮蓝染色

①向平皿中加入少量染色液，用水平摇床摇 1h 左右，待蛋白质条带清晰出现之后倒出染色液。

②用蒸馏水漂洗凝胶蛋白 2~3 次。

（2）脱色及成像

① 向平皿中加入脱色液，漂洗 1~3h，这期间更换 2~3 次脱色液，直至条带背景清晰。为使脱色完全，可以脱色过夜。

②将脱色液用蒸馏水洗掉。

③将脱色完成的凝胶放入凝胶成像系统，拍照保存，分析实验结果。

五、注意事项

1. 电泳时电压设置可以依据蛋白质分子质量的大小进行适当调整。
2. 未聚合的丙烯酰胺具有神经毒性，在实验过程中应做好防护措施。
3. 制胶前安装的玻璃板要保持洁净干燥，不用手接触灌胶面的玻璃。
4. 上样后尽快电泳可以减少蛋白质条带的扩散。

六、思考题

1. 凝胶电泳过程中为什么采用先低压再高压的方式？
2. 最后结果出现“拖尾”现象、“微笑”现象、“皱眉”现象、“纹理”现象的原因分别是什么？如何解决？
3. 上样缓冲液中有哪些成分？分别有什么作用？

实验十六 蛋白质印迹法鉴定蛋白质表达

一、实验目的

1. 掌握蛋白质印迹法检测蛋白质的原理和基本操作。
2. 掌握蛋白质浓度测定以及蛋白质定量的方法。

二、实验原理

蛋白质印迹法（Western blot）是把电泳分离出的蛋白质转移到固相载体（如 PVDF 膜或者硝酸纤维素薄膜）上，然后利用抗原-抗体反应来检测特异性的蛋白质分子。一般包括三个部分：SDS-PAGE 凝胶电泳、蛋白质的电泳转移、免疫印迹分析。

蛋白质印迹法使用的是聚丙烯酰胺凝胶电泳，被检测物质是蛋白质，探针是抗体，显色用的是标记过的二抗。经过凝胶电泳分离出来的蛋白质，通过转膜被转移至固相载体上，固相载体以非共价键形式吸附蛋白质，且能保持多肽的类型及生物学活性不变。以固相载体上的蛋白质为抗原，选取相应的抗体与其发生免疫反应。在洗膜过程中，未结合的抗体被洗掉，只留下与目的蛋白质结合的抗体，再与同位素或酶标记的二抗发生反应，最后经过显色或者放射自显影便可以检测目的基因表达的蛋白质。

因为抗体只与目的蛋白质相结合，因此一般只能看到一条清晰的蛋白质条带，条带的粗细对应于蛋白质表达量的大小。通过分析特定抗原-抗体反应的位置和强度，就可以获得目的蛋白质在给定的细胞或者组织匀浆中表达的信息。由于凝胶电泳的高分辨率和免疫的强特异性以及高灵敏度，蛋白质印迹法可检测低至 1ng 的靶蛋白。该方法广泛应用于分子生物学、生物化学、免疫遗传学等分子生物学领域。

三、实验用品

1. 实验材料

酿酒酵母粗蛋白液样品。

2. 实验试剂

去离子水、磷酸盐缓冲液（PBS）、300g/L Acr-Bis、1.5mol/L Tris-HCl、1mol/L Tris-HCl、100g/L SDS、100g/L 过硫酸铵（APS）、10×Tris-甘氨酸、SDS-PAGE 电泳缓冲液、Western blot 转移缓冲液、TEMED、2×蛋白质上样缓冲液、蛋白质标记物、一抗（根据研究自行选定）、与一抗种属匹配的二抗、抗体稀释液、封闭液、TBST 缓冲液、显色液、碧云天 BCA（bicinchoninic acid，二喹啉甲酸）蛋白质浓度测定试剂盒等。

3. 实验仪器

微量移液器、烧杯、量筒、电子天平、蛋白质电泳系统、水平摇床、PVDF 膜、电泳转印系统、高速低温离心机、酶标仪、蛋白质印迹成像分析系统等。

四、实验步骤

1. 蛋白质样品制备

（1）蛋白质提取

①使用超声细胞破碎仪破碎带有目的基因的酿酒酵母。

②用高速低温离心机 4℃、13000×g 离心 15min，吸取上清液至小离心管中。

（2）蛋白质浓度的测定　使用 BCA 蛋白质浓度测定试剂盒测定样品蛋白质的浓度，具体步骤如下。

①蛋白质标准品的准备：a. 取 1.2mL 蛋白质标准配制液加入到一管蛋白质标准（30mg 牛血清蛋白）中，充分溶解后配制成 25mg/mL 的蛋白质标准溶液。配制后可立即使用，也可以-20℃长期保存。b. 取适量 25mg/mL 蛋白质标准溶液，稀释成终浓度为 0.5mg/mL 的蛋白质溶液。

②BCA 工作液配制：根据样品数量，按 50 体积 BCA 试剂 A 加 1 体积 BCA 试剂 B（50：1）的比例配制适量的 BCA 工作液，充分混匀。

③蛋白质浓度测定：a. 将标准品按 0、1、2、4、8、12、16、20μL 加到 96 孔板的标准品孔中，加标准品稀释液补足到每孔 20μL，相当于各孔标准品浓度分别为 0、0.025、0.05、0.1、0.2、0.3、0.4、0.5mg/mL。b. 加入适当体积的样品到 96 孔板的样品孔中。如果样品不足 20μL，需加标准品稀释液补足到 20μL。c. 各孔加入 200μL 的 BCA 工作液，37℃放置 20~30min。d. 用酶标仪测定 A_{562}，或者 540~595nm 的其他波长的吸光度。e. 根据标准曲线和使用的样品体积计算出样品的蛋白质浓度。

（3）蛋白质样品制备

①根据上述计算出的蛋白质浓度，向上述蛋白质样品中加入上样缓冲液，用蛋白质裂解液将蛋白质浓度调整到基本一致。

②将上述溶液振荡离心、混合均匀，在 98℃金属浴中变性 10min。冷却后，冷冻保存备用。

2. 制胶

参考实验十五实验步骤。

3. 电泳

参考实验十五实验步骤。

4. 转膜

①电泳结束后，取出凝胶，转入转移缓冲液中。

②按照“海绵—滤纸—凝胶—膜—滤纸—海绵”的顺序依次叠放进模具中，用滚轮排出气泡。

③在转膜的缓冲液槽中注满 4℃预冷的转移缓冲液，并将整个装置放置在冰中，打开电源，电压调至 100V，转膜约 1h。

5. 免疫反应

（1）封闭

①转膜完毕后，用适量的 TBST 清洗 1 遍蛋白膜。

②将蛋白膜转移至封闭液中，室温下于水平摇床上摇动封闭 1~2h。

（2）免疫检测

①将上述膜转入实验所需一抗中，于 4℃ 冰箱孵育过夜。

②用适量 TBST 缓冲液清洗膜 3 次，每次 7min。

③将 TBST 清洗过后的膜转入与一抗种属匹配的二抗溶液中，于室温在水平摇床上孵育 1~2h。

④用适量 TBST 缓冲液清洗膜 3 次，每次 7min。

6. 显色

（1）配制显色液，需现配现用。

（2）将蛋白条带放入蛋白质印迹成像分析系统中，取显色液均匀滴在蛋白质条带上，使用机器进行显色拍照。

（3）显色完毕，保存结果以用于后续分析。

五、注意事项

1. 使用 PVDF 膜之前需要将其放在甲醇中浸泡 5s，再将其转移至缓冲液中浸泡 5~10min 去除甲醇，膜需时刻处于湿润状态。

2. 裂解液中要加蛋白酶等酶类抑制剂。

3. 上样时，可根据蛋白质浓度选取适合的上样量。

4. 蛋白质上样前，煮沸蛋白质样品。

5. 转膜时保证转移缓冲液使用时预冷至 4℃，转膜过程保证在冰上进行。

6. 孵育时水平摇床应轻轻摇动，清洗时水平摇床需快速摇动。

7. 使用抗体前看清楚抗体说明书上标明的稀释倍数以及使用注意事项，稀释后的抗体避免反复冻融。

六、思考题

1. 蛋白质条带背景高可能是哪些因素导致？如何解决？

2. 转膜时各层之间气泡需去除干净，为什么？

3. 转印缓冲液中为什么要加入甲醇？

第四章 哺乳动物细胞的实验操作

CHAPTER 4

实验十七　小鼠肝脏原代细胞培养

一、实验目的

掌握分离纯化小鼠肝细胞并进行原代培养的原理和方法。

二、实验原理

肝脏是机体重要的消化、代谢、免疫器官，肝细胞是肝组织的基本单位，原代培养的肝细胞广泛用于毒理学、药理学、分子生物学相关研究，因此建立简单易行的分离纯化培养肝细胞的方法十分重要。本实验采用二步灌流分离小鼠原代肝细胞，联合 Percoll 密度梯度离心纯化肝细胞进行培养。

肝脏原位灌洗通常在小鼠麻醉或脱颈处死后进行，主要分为 2 步。第 1 步采用无钙离子、镁离子的平衡盐溶液（如 D-Hanks 平衡溶液、KRB 平衡溶液或 PBS 缓冲溶液等）灌洗，以清除掉肝脏血管内的细胞成分，并去除钙离子依赖性的细胞间连接。第 2 步采用含钙离子和胶原酶的平衡盐溶液灌洗，最大程度去除细胞外基质的连接。小鼠门静脉较细，插管操作较困难，因此实验采用逆向灌流法，导管插入肝下腔静脉，灌流的同时切开肝门静脉，灌流液流经方向为肝下腔静脉流入，肝门静脉流出。

Percoll 是一种包有乙烯吡咯烷酮的硅胶颗粒，溶液密度可高达 1.3g/mL，其扩散常数低，形成的密度梯度稳定。Percoll 在培养基中颗粒大小不等，其在离心过程中自然形成密度梯度，从而将不同密度的细胞分离出来。此外，Percoll 不穿透生物膜，对细胞无毒害，因此广泛用于分离细胞、亚细胞成分，可将受损细胞及其碎片与完好细胞分离。肝实质细胞在肝脏中含量最多，密度最大，Percoll 工作液梯度离心后沉淀于离心管底部。

三、实验用品

1. 实验材料

小鼠。

2. 实验试剂

PBS、胰蛋白酶、Advanced DMEM/F-12、胎牛血清、胰岛素、转铁蛋白、硒、地塞米松、青霉素、链霉素、水合氯醛、Percoll、EDTA、D-Hanks、无水氯化钙、Ⅳ型胶原酶等。

灌流液Ⅰ：含0.5mmol/L EDTA的D-Hanks溶液，0.22μm滤器过滤除菌，存放4℃冰箱备用。灌流液Ⅱ：含0.5g/L胶原酶、3mmol/L Ca^{2+}的D-Hanks溶液，0.22μm滤器过滤除菌，存放4℃冰箱备用。Percoll细胞分离液：Percoll原液高压灭菌，与9g/L氯化钠按体积比9∶1配成100% Percoll工作液，然后用100% Percoll工作液（溶质）与0.15mol/L灭菌氯化钠溶液（溶剂）以体积比配成60%、65%、70%的Percoll工作液，存放4℃冰箱备用。

3. 实验仪器及耗材

10mL离心管、50mL离心管、套管针、吸头、滤膜、纱布、玻璃皿、剪刀、手术刀、水浴锅、超净工作台、蠕动泵、培养皿、冷冻离心机、灭菌锅、显微镜等。

四、实验步骤

1. 原代细胞分离

主要步骤如图4-1所示。将灌流液Ⅰ和灌流液Ⅱ在42℃水浴中预热30min，确保到达肝脏后温度保持37℃；打开蠕动泵调节至最大流量，循环灌流液Ⅰ加热管道，排出气泡；水合氯醛麻醉小鼠，对小鼠进行固定并使用75%乙醇进行腹部消毒，打开腹部找到门静脉和下腔静脉，套管针刺入下腔静脉，退出针芯，连接灌流管道，打开蠕动泵，用灌流液Ⅰ以2mL/min流速灌流，立即切开门静脉，之后逐步增大至5mL/min，8~10min

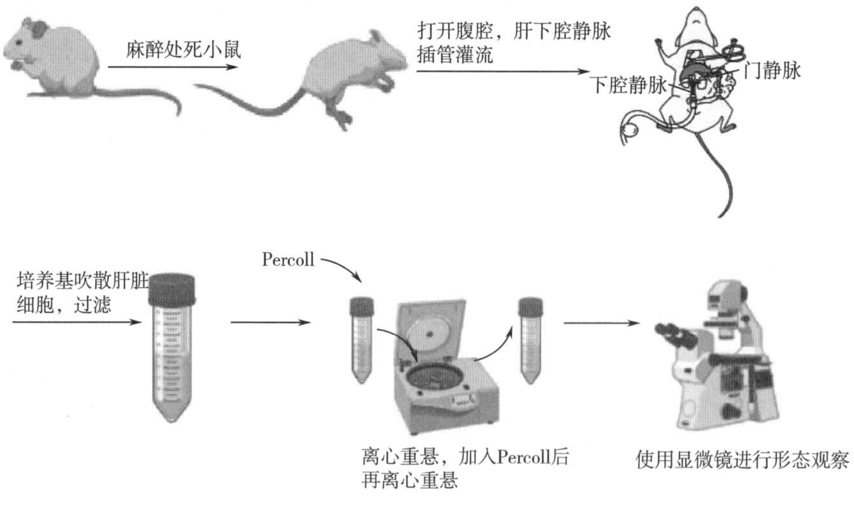

图4-1 肝脏原代细胞培养流程示意图

灌流至肝脏发白，夹住下腔静脉远端，改用灌流液 II 灌流，约 5min 待肝脏开始膨胀且肝包膜下有液体开始积聚时，压迫肝脏后不再回弹，说明肝脏已消化充分，可以终止灌流。取下肝脏置于无菌培养皿中，在冰上和无菌环境中进行后续操作，用镊子和剪刀撕开肝包膜，预冷的完全培养基终止消化作用，微量移液器吹打分散细胞，细胞悬液经三层无菌纱布过滤转入 50mL 离心管，去除一些大的细胞团及组织，4℃、50×g 低速离心 2min，弃上清液，以预冷的完全培养基重悬重复离心三次，去除肝非实质细胞以及一些细胞碎片，用 10mL 预冷的完全培养基对细胞沉淀进行重悬，吹打均匀制备成肝细胞悬液。

2. 原代细胞纯化

在离心管中按次序等体积加入 60%、65%、70% Percoll 工作液共 15mL。倾斜试管，轻轻地将细胞悬浮液添加到 Percoll 表面。4℃、400×g 离心 10min，弃上清液，将细胞沉淀重悬于完全培养基，接种于铺鼠尾胶的 60mm 培养皿中，37℃的含 5%CO_2 培养箱中静置培养。

3. 细胞传代与冻存

细胞培养条件为 Advanced DMEM/F-12 培养基、10%胎牛血清、10μg/mL 胰岛素、5.5μg/mL 转铁蛋白、5ng/mL 硒、40ng/mL 地塞米松、10g/L 青链霉素。培养环境为 37℃、5% CO_2。待细胞铺满培养皿底部 80%后进行传代。弃去培养上清液，用不含钙离子、镁离子的 PBS 润洗细胞 1~2 次，加消化液（0.25%胰蛋白酶-0.53mmol/L EDTA）于培养皿中，置于 37℃培养箱中消化 1~2min，显微镜下观察细胞消化变圆并脱落后加入少量完全培养基终止消化。消化液收集到离心管中，1000r/min 离心 5min。倒掉上清液，将离心的细胞用完全培养基重悬细胞，按传代比例接种至培养皿，补加完全培养基，将培养皿水平摇晃 3~5 下后放到培养箱中培养。将处于对数生长期的细胞用胰酶-EDTA 从细胞培养皿消化下来后，1000r/min 离心 5min。用细胞冻存液重悬细胞后移至细胞冻存管中，立即将细胞冻存管转移至细胞冻存盒中并将细胞冻存盒放到-80℃冰箱中，24h 后将细胞冻存管转移至液氮中。

五、实验结果

显微镜下观察细胞，原代肝实质细胞体积较大，呈多边形或不规则形，双核或多核，岛屿状生长。

六、注意事项

1. 灌注时严格控制灌流速度在 5mL/min，灌注过程中保证灌流液的温度，灌注时确保管内无气泡，管内应预充一部分灌流液Ⅰ，方便插管后直接连接管道，灌流以及移入超净工作台的过程要严格保持无菌。

2. Percoll 细胞分离液在储存及使用过程中避免将试剂暴露在强光中。

七、思考题

1. 除了灌注法，还有什么方法能分离小鼠肝细胞？其与灌注法相比，有何优缺点？

2. 肝脏组织中除了肝实质细胞还有哪些细胞？如何分离纯化？

实验十八　哺乳细胞的复苏、培养及冻存

一、实验目的

1. 掌握哺乳细胞冻存的原理及方法。
2. 熟练进行细胞复苏操作。

二、实验原理

动物细胞离体培养常常需要血清，最常用的是小牛血清。血清提供生长必需因子，如激素、微量元素、矿物质和脂肪。大多数细胞有贴壁生长的习惯。离体培养常用玻璃、塑料等作为支持物。在培养过程中，一般将细胞放置在37℃、5% CO_2 的加湿培养箱中。细胞进入培养器皿后，要立即放入培养箱，使细胞尽早进入生长状态。正在培养中的细胞应每隔一定时间观察1次，观察的内容包括细胞是否生长良好，形态是否正常，有无污染，培养基的pH是否太酸或太碱（由酚红指示剂指示），此外对培养温度和 CO_2 浓度也要定时检查。

当培养细胞长期不用时一般保存于液氮中。液氮及液面上气体温度为-196~-80℃，细胞在含100g/L二甲亚砜（DMSO）、50%胎牛血清的冻存液里，经缓慢冻存后置于液氮中，由于二甲亚砜相对分子质量小、溶解度大、易穿透细胞膜，冻存时是细胞的保护剂，使细胞免遭损伤，但常温下会对细胞有损伤作用，因此细胞复苏融解后要及时更换新鲜的正常培养液。当细胞从液氮中取出时，融化要快，使之迅速通过细胞最易受损的-5~0℃后，一般用不含二甲亚砜的新鲜细胞培养液清洗细胞一次，并更换新培养液。

三、实验用品

1. 实验材料

3T3细胞。

2. 实验试剂

含10%胎牛血清的DMEM/1640培养液、无血清DMEM/1640培养液、胎牛血清、双抗（100U/mL青霉素和100μg/mL链霉素）、DMSO、细胞消化液（0.25%胰蛋白酶）、磷酸缓冲液（PBS）、75%乙醇等。

3. 实验仪器

超净工作台、15mL离心管、50mL离心管、100mm细胞培养皿、冻存管、血球计数板、光学显微镜、37℃含5% CO_2 恒温培养箱、小型离心机、水浴锅等。

四、实验步骤

1. 细胞复苏

（1）准备　准备 37~40℃的水浴。超净工作台灭菌 10~15min（开紫外灯），取出 1 支 15mL 离心管备用。配制细胞完全培养液（胎牛血清：双抗：DMEM/1640 培养液 = 10%：1%：89%）。

（2）融化细胞　从液氮罐中取出细胞冻存管，迅速放入 37~40℃的水浴中，轻轻晃动，使其迅速融化。

（3）清洗细胞　将装有融化细胞悬浮液的冻存管外部喷定量 75%乙醇，放入超净工作台内。将融化的细胞悬浮液移至准备好的 15mL 离心管内，加入 2mL 细胞完全培养液，1000r/min 离心 5min，弃上清液。

（4）培养　加入 2mL 完全培养液，吹打均匀，移至含 8mL 细胞完全培养液的培养皿中，置于 37℃ 培养箱培养。次日更换 1 次培养液，继续培养。

2. 细胞传代

3T3 细胞传代的大致流程如图 4-2 所示。

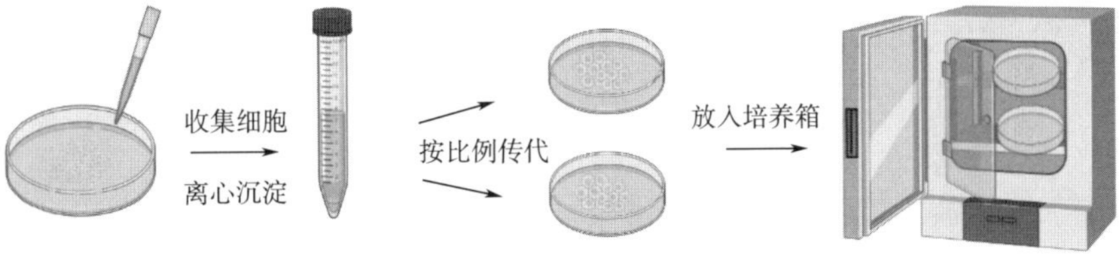

图 4-2　3T3 细胞传代的流程示意图

（1）实验前在 37℃ 水浴锅中对 DMEM 细胞培养基、PBS、0. 25%胰蛋白酶进行预热。3T3 细胞生长至 80%~90%时，取出培养皿。

（2）微量移液器吸取液体（不要打出泡泡），移去旧液，吸头靠壁吸去液体。

（3）取 1~2mL 无菌的 PBS 洗涤细胞一次，以去除残余的血清，加入 PBS 时吸头靠壁加入。

（4）加入 1~2mL 胰蛋白酶细胞消化液，略盖过细胞即可，摇晃均匀，置于 37℃ 培养箱，消化 30s。不同细胞消化时间有所不同。

（5）显微镜下观察，细胞明显收缩，并且肉眼观察培养皿底部发现细胞的形态发生明显的变化，加入 2~3mL 含血清的完全细胞培养液，终止消化。

（6）收集细胞至 15mL 离心管，1000r/min 离心 5min，对面放等体积的对照。

（7）上清液倒去（底部沉淀为细胞），管底剩余一些尽量用微量移液器吸出，加入 2~3mL 完全培养液，吹打均匀。

（8）按照细胞种类和所需细胞量吸取相应细胞（一般为 1/8~1/3）加到新的培养液中，摇晃均匀，勿产生气泡，在 37℃ 含 5% CO_2 恒温培养箱中培养。

3. 细胞冻存

细胞冻存的初始步骤同细胞传代步骤（1）~（6），此处略去。

3T3 细胞冻存的大致流程如图 4-3 所示。

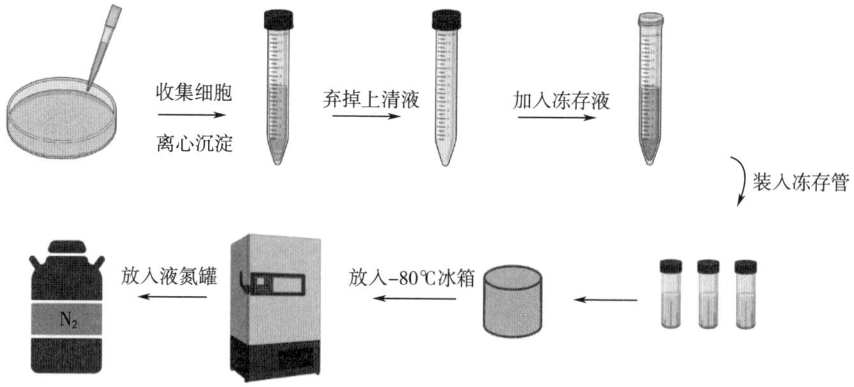

图 4-3　3T3 细胞冻存的流程示意图

（1）倒去上清液（底部沉淀为细胞），管底剩余一些尽量用微量移液器吸出。

（2）将胎牛血清、无血清 DMEM/1640 培养液和 DMSO 按照 5：4：1 的体积比混合，加入 15mL 离心管中，吹打均匀，每个冻存管中吸 1mL。

（3）写标记（年、月、日，细胞种类，姓名），贴好封口膜。

（4）放入冻存盒内，于-80℃冷冻。

（5）隔天拿出放入液氮中。

五、实验结果

记录细胞培养的光学显微镜照片。

六、注意事项

1. 细胞培养所用试剂、耗材、器材的清洗、消毒要彻底，各种溶液灭菌要仔细，并在无菌实验检测阴性后才能使用。

2. 不要从敞开的容器口上方经过，以避免衣服上掉落的不明物体对细胞的污染。

3. 实验操作时要注意及时更换微量移液器吸头和移液管。一旦发现接触了非洁净物质或者无法确定是否洁净的物品必须直接丢弃。实验完毕应及时收拾，保持实验室清洁整齐，最后用 75%乙醇清洁台面。

七、思考题

1. 冻存细胞时为什么要加保护剂 DMSO？

2. 复苏存活率低的细胞时怎样做到提高复苏存活率？

实验十九 MTT 法检测化疗药物紫杉醇对细胞活力的影响

一、实验目的

1. 掌握细胞计数的方法和细胞铺板的方法。
2. 掌握 MTT 法检测细胞活力的原理和操作。
3. 熟悉 origin 软件作图。

二、实验原理

血细胞计数法是在 100 倍显微镜下，移动计数板将视野对准计数板的中央大方块，该方块四周有一圈 3 条平行线包围，中间有密集的网格。中央方块区刚好可以填满整个视野。使用手持式计数器记录计数池四个角以及中央方块内的细胞数。计数的方法是只计算上边和左边压线的细胞，而右边和下边压线的细胞不予计算（总体原则是“计上不计下，计左不计右”）。如果有多个细胞没有吹散，成团存在，此时只可记为一个细胞。如果团块很多，则可能需要重新吹打甚至消化，直至绝大多数细胞为单个细胞。

紫杉醇（Paclitaxel，PTX）是一种三个主环的二萜类化合物，其分子式为 $C_{17}H_{51}NO_{14}$，相对分子质量为 853. 92。紫杉醇是红豆杉属植物中的一种复杂的次生代谢产物，也是目前所了解的一种可以促进微管聚合和稳定已聚合微管的药物。同位素示踪表明，紫杉醇只结合到聚合的微管上，不与未聚合的微管蛋白二聚体反应。细胞接触紫杉醇后会在细胞内积累大量的微管，这些微管的积累干扰了细胞的各种功能，特别是使细胞分裂停止于有丝分裂期，阻断了细胞的正常分裂。通过Ⅱ-Ⅲ临床研究，紫杉醇主要适用于卵巢癌和乳腺癌，对肺癌、大肠癌、黑色素瘤、头颈部癌、淋巴瘤、脑瘤也都有一定疗效。

MTT 分析法以活细胞代谢物还原剂 3-（4,5-二甲基噻唑-2）-2,5-二苯基四氮唑溴盐（MTT）噻唑蓝（图 4-4）为基础。MTT 为黄色化合物，是一种接受氢离子的染料，可作用于活细胞线粒体中的呼吸链。对于大多数活细胞，线粒体活性是恒定的，因此活细胞数量的增加或减少与线粒体活性呈线性相关。活细胞线粒体的琥珀酸脱氢酶能使外源性 MTT 还原为水不溶性的蓝紫色结晶甲臜（Formazan）并沉积在细胞中，而死细胞无此功能。甲臜晶体可以被二甲基亚砜（DMSO）溶解，并可以通过酶标仪检测其在 490nm 波长处的吸光度，以测定甲臜的生成量，并以此来间接测量活细胞数量的增减。

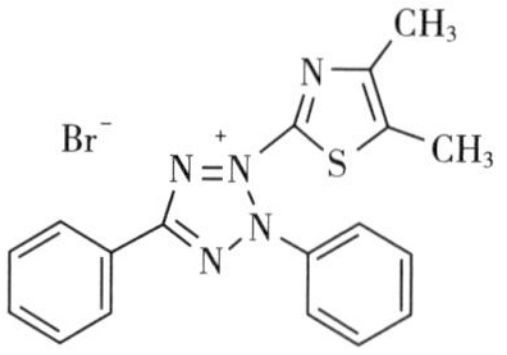

图 4-4 噻唑蓝（MTT）结构式

三、实验用品

1. 实验材料

3T3 细胞。

2. 实验试剂

紫杉醇、MTT 溶液［5mg/mL，称取 5mg MTT 溶解于 10mL 的磷酸盐缓冲液（PBS）中，用 0.22μm 滤膜过滤除菌后，避光保存。MTT 溶液最好现用现配，也可 4℃ 避光保存 2 周；长期保存应外壁包裹锡箔纸，避光置于-20℃］、含 10%胎牛血清的 DMEM、无血清的 DMEM、磷酸盐缓冲液（PBS）、细胞消化液（0.25%胰蛋白酶）、二甲基亚砜（DMSO）等。

3. 实验仪器

超净工作台、15mL 离心管、50mL 离心管、100mm 细胞培养皿、96 孔板、微量移液器、血球计数板、计数器、光学显微镜、37℃ 含 5% CO_2 恒温培养箱、小型离心机、水浴锅、微孔板恒温振荡器、酶标仪等。

四、实验步骤

MTT 实验的大致流程如图 4-5 所示。

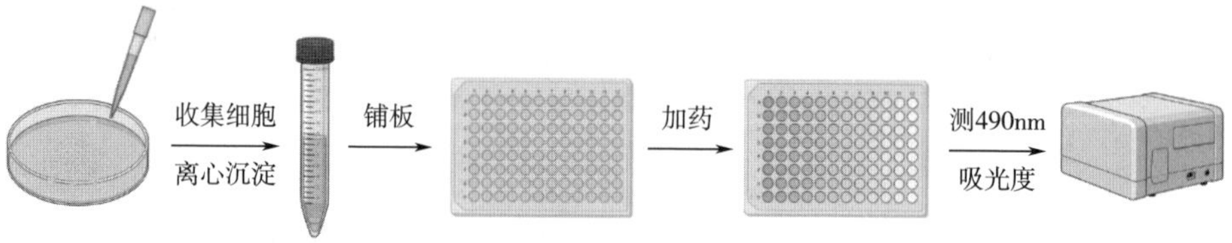

图 4-5 MTT 实验的流程示意图

（1）实验前在 37℃ 水浴锅中对 DMEM 细胞培养基、PBS、0.25%胰蛋白酶进行预热。3T3 细胞生长至 80%~90%时，取出培养皿。

（2）微量移液器吸取液体（不要吸出泡泡），移去旧液，移液器吸头靠壁吸去液体。

（3）取 1~2mL 无菌的 PBS 洗涤细胞一次，以去除残余的血清，加入 PBS 时移液器吸头靠壁加入。

（4）加入 1~2mL 胰蛋白酶细胞消化液，略盖过细胞即可，摇晃均匀，置于 37℃ 培养箱，消化 30s。不同细胞消化时间有所不同。

（5）显微镜下观察，细胞明显收缩，并且肉眼观察培养皿底部，发现细胞的形态发生明显的变化，加入 2~3mL 含血清的完全细胞培养液，终止消化。

（6）收集细胞至 15mL 离心管，1000r/min 离心 5min，倒去上清液加入 2~3mL 含有血清的细胞培养液，吹打均匀。

（7）将制备的细胞悬液按比例加入新的培养瓶中，加入含有血清的培养基，摇晃均匀，勿产生气泡，在 37℃含 5% CO_2 恒温培养箱中培养。

（8）剩余的细胞悬液，进行细胞计数。取擦镜纸擦盖玻片，吸取 10μL 从计数板上方加入（盖玻片需与计数板两条边重合），在显微镜下进行细胞计数。

（9）用细胞培养液稀释制备的细胞悬液至每毫升溶液中含有 10 万个细胞，将稀释的单细胞悬液加入 96 孔板中，每孔 100μL。将 96 孔板置于 37℃含 5% CO_2 恒温培养箱培养 12h。

（10）加药培养　设 PTX 的浓度梯度为 0、0.25、5、10、30、60μg/mL。待细胞贴壁生长至 70%~80%后每孔加入 100μL 用不含有血清的 DEME 培养基稀释的不同浓度的 PTX 溶液处理细胞，每个浓度做 5~6 个平行实验。置于 37℃含 5% CO_2 恒温培养箱培养 24h。

（11）制备 MTT 溶液　取噻唑蓝 50mg 溶于 10mL PBS 中，超声振荡，-20℃下保存。

（12）加 MTT　培养结束后每孔加入 10μL MTT（5mg/mL），继续在 37℃含 5% CO_2 恒温培养箱培养 3~4h。

（13）显色　取出 96 孔板，扣板，吸尽培养基，每孔加入 150μL DMSO，37℃保温 10~15min，使结晶物充分溶解。

（14）比色　选择 490nm 波长，在酶标仪上测定各孔的吸光度，记录结果并进行分析。

五、实验结果

用 origin 软件制作不同浓度的紫杉醇对 3T3 细胞活力的影响的柱状图。

六、注意事项

1. 细胞操作需在无菌条件进行。
2. MTT 有致癌性，配制时需戴好手套，做好防护措施，在无菌条件下进行。
3. 加入细胞悬液时应反复多次混匀，确保每孔接种的细胞密度完全相同。
4. 实验时应设置空白组、对照组、加药组。
5. 加药时，吸弃一部分孔上清液后立即加药，避免 96 孔板干燥引起细胞死亡。

七、思考题

1. 在 MTT 实验中如何测量活细胞数量的增减？
2. 加药培养时，为什么不在 96 孔板中添加高浓度胎牛血清？如果添加了，会对实验结果有何影响？

实验二十　CCK-8 法检测化疗药物紫杉醇对细胞活力的影响

一、实验目的

1. 掌握 CCK-8 法检测细胞活力的原理。
2. 熟悉 CCK-8 法检测细胞活力的实验操作。
3. 熟悉 origin 软件作图。

二、实验原理

CCK-8 全称 Cell Counting Kit-8，是一种基于 WST-8［化学名为 2-（2-甲氧基-4-硝基苯）-3-（4-硝基苯）-5-（2,4-二磺基苯）-2H-四唑单钠盐］的应用于细胞增殖和细胞毒性的快速、高灵敏度检测试剂盒。如图 4-6 和图 4-7 所示，试剂中含有的 WST-8 在电子载体（1-methoxy PMS）的作用下，可以被线粒体内的脱氢酶还原生成具有高度水溶性的橙黄色甲瓒染料（WST-8 formazan）。细胞增殖越多越快，颜色越深；细胞毒性越大，颜色越浅。对于同样的细胞，颜色的深浅（生成 WST-8 formazan 的量）和细胞数目呈线性关系。

显著性检验是提出“无效假设”和检验“无效假设”成立的概率（p）水平的选择。所谓“无效假设”，就是当比较实验处理组与对照组的结果时，假设两组结果间差异不显著，即实验处理对结果没有影响或无效。经统计学分析后，如发现两组间差异是抽样引起的，则“无效假设”成立，可认为这种差异为不显著（即实验处理无效）。若两组间差异不是由抽样引起的，则“无效假设”不成立，可认为这种差异是显著的（即实验处理有效）。显著性标识：$p<0.05$ 时，标注＊；$p<0.01$ 时，标注＊＊；$p<0.001$ 时，标注＊＊＊。

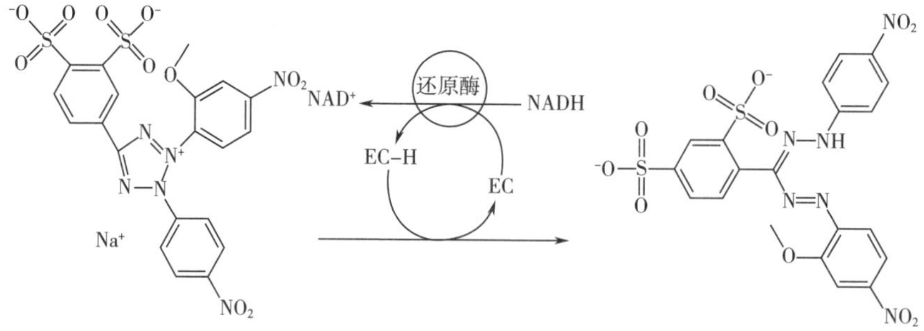

图 4-6　WST-8 和 WST-8 formazan 的结构式

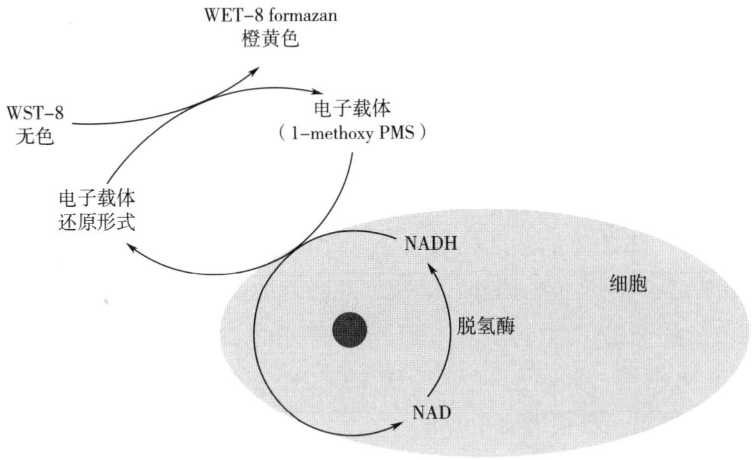

图 4-7 Cell Counting Kit-8(CCK-8)检测细胞活力的实验原理

三、实验用品

1. 实验材料

3T3 细胞。

2. 实验试剂

胎牛血清(FBS)、DMEM 细胞培养基、PBS、0.25%胰蛋白酶、CCK-8 试剂盒、PTX(纯度>98%)、二甲基亚砜(DMSO)等。

3. 实验仪器

100mm 细胞培养皿、15mL 离心管、50mL 离心管、96 孔板、微量移液器、血球计数板、酶标仪、37℃ 含 5% CO_2 恒温培养箱、光学显微镜、离心机、超净工作台、水浴锅等。

四、实验步骤

1. 检测化疗药物紫杉醇对细胞活力的影响

实验大致流程如图 4-8 所示。

图 4-8 Cell Counting Kit-8(CCK-8)检测细胞活力的实验流程图

(1)消化细胞并计数 实验前在 37℃ 水浴锅中对 DMEM 细胞培养基、PBS、0.25%胰蛋白酶进行预热。3T3 细胞生长至 70%~80%后,向培养皿中加入 1mL 0.25%胰蛋白酶消化细胞 1~2min，消化终止后加入 2mL 含 10%胎牛血清的 DMEM 细胞培养基终止消化，轻吹培养皿中的细胞，转移至 15mL 离心管中，1000r/min 离心 5min 收集细胞。离心结束除去旧液，加入 2~3mL 无血清 DMEM 细胞培养基重悬细胞，进行细胞计数。

（2）铺板并培养细胞　按每孔 1 万细胞的标准计算所需细胞数量，用含有血清的 DMEM 培养基对细胞进行稀释。将稀释的单细胞悬液加入 96 孔板中，每孔 100μL。将 96 孔板置于 37℃含 5% CO_2 恒温培养箱培养 12h。

（3）加药培养　设 PTX 的浓度梯度为 0、0.25、5、10、30、60μg/mL。待细胞贴壁生长至 70%~80%后，每孔加入 100μL 上述不同浓度的 PTX 溶液处理细胞，每个浓度做 5~6 个平行实验。置于 37℃含 5% CO_2 恒温培养箱培养 24h。

（4）加 CCK-8 溶液　向每孔加入 10μL 的 CCK-8 溶液（注意不要产生气泡），置于 37℃含 5% CO_2 恒温培养箱孵育 1~4h。

（5）比色　用酶标仪测定在 450nm 处的吸光度。

2. 计算公式

$$\text{细胞存活率} = [(A_s - A_b)/(A_c - A_b)] \times 100\%$$

$$\text{抑制率} = [(A_c - A_s)/(A_c - A_b)] \times 100\%$$

式中：A_s——实验孔吸光度（含细胞、培养基、CCK-8 溶液和药物溶液）；

A_c——对照孔吸光度（含细胞、培养基、CCK-8 溶液，不含药物）；

A_b——空白孔吸光度（含培养基、CCK-8 溶液，不含细胞，不含药物）。

注：如果待测药物有氧化性或还原性，可在加入 CCK-8 之前更换新鲜培养基，去除待测药物的影响。在待测药物影响比较小的情况下可以不更换培养基，直接扣除培养基中加入待测药物后的空白吸收即可。

五、实验结果

利用 origin 软件做出不同浓度紫杉醇对细胞增殖的影响的柱状图。

六、注意事项

1. 接种细胞应选对数生长期细胞进行，同时需要选择合适的细胞浓度。
2. 加入 CCK-8 时沿着孔壁加入，不要产生气泡，否则会干扰酶标仪检测。
3. 酚红和血清对 CCK-8 法的检测不会造成干扰，可以通过扣除空白孔中本底的吸光度而消去。
4. 为了个人安全，建议穿戴实验服和一次性实验手套操作。

七、思考题

1. 怎样终止 CCK-8 反应？
2. 培养基中的酚红会影响实验结果吗？为什么？

实验二十一 结晶紫染色观察化疗药物紫杉醇对细胞增殖的影响

一、实验目的

1. 掌握结晶紫细胞染色的原理。
2. 熟悉结晶紫细胞染色的基本流程。
3. 熟悉显微镜观察细胞染色的操作。

二、实验原理

结晶紫（$C_{25}H_{30}N_3Cl$）也可称为龙胆紫，结构式如图 4-9 所示。结晶紫染色液（Crystal Violet Staining Solution）是一种碱性染料，它是一种优良的染色剂。在组织或细胞染色时可以与细胞核中的 DNA 结合，把细胞核染成深紫色，常用于观察细胞形态，也可用来进行细胞活力和细胞毒性分析，如细胞迁移等实验。

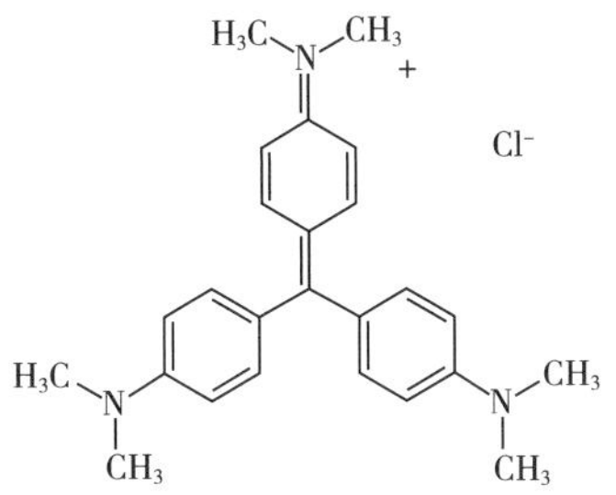

图 4-9 结晶紫的结构式

三、实验用品

1. 实验材料

3T3 细胞。

2. 实验试剂

结晶紫染色液、95%乙醇溶液、10g/L 草酸铵水溶液、40g/L 多聚甲醛、胎牛血清（FBS）、DMEM 细胞培养基、PBS、0.25%胰蛋白酶、PTX（纯度>98%）、二甲基亚砜（DMSO）等。

3. 实验仪器

37℃含 5% CO_2 恒温培养箱、血球计数板、酶标仪、倒置显微镜、离心机、超净工作台、水浴锅、100mm 细胞培养皿、15mL 离心管、50mL 离心管、24 孔板、微量移液器等。

四、实验步骤

结晶紫细胞染色的实验流程如图 4-10 所示。

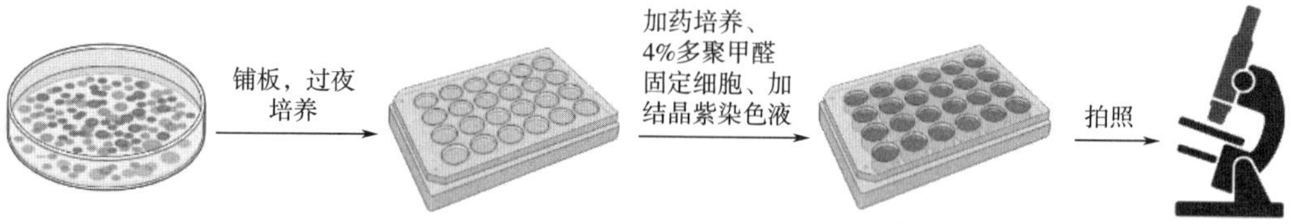

图 4-10 结晶紫细胞染色的实验流程

（1）结晶紫染色液配制　结晶紫 2g 溶于 20mL 95%乙醇溶液中，再加入 80mL 10g/L 草酸铵水溶液，混匀 24h 后过滤备用。

（2）消化细胞并计数　实验前在 37℃水浴锅中对 DMEM 细胞培养基、PBS、0.25%胰蛋白酶进行预热。3T3 细胞生长至 70%～80%后，向培养皿中加入 1mL 0.25%胰蛋白酶消化细胞 1～2min，消化终止后加入 2mL 含 10%胎牛血清的 DMEM 细胞培养基终止消化，轻吹培养皿中的细胞，转移至 15mL 离心管中，1000r/min 离心 5min 收集细胞。离心结束除去旧液，加入 2～3mL 无血清 DMEM 细胞培养基重悬细胞，进行细胞计数。

（3）铺板并培养细胞　按每孔 4 万细胞的标准计算所需细胞数量，并对细胞进行稀释。将稀释的单细胞悬液加入 24 孔板中，每孔 400～500μL。将 24 孔板置于 37℃含 5% CO_2 恒温培养箱培养 12h。

（4）加药处理　设 PTX 的浓度梯度为 0、0.25、10、60μg/mL，待细胞贴壁后每孔加入 400μL 上述不同浓度的 PTX 溶液处理细胞，每个浓度做 3 个平行实验。

（5）洗涤　培养结束后，去除培养液，用 PBS 洗涤 2 次，每次 1～2min。

（6）固定细胞　每孔加入 400μL 40g/L 多聚甲醛固定细胞 10min。

（7）洗涤　去除 40g/L 多聚甲醛，用 PBS 洗涤 2 次，每次 1～2min。

（8）加结晶紫染色液　加结晶紫染色液染色 3～10min（根据染色结果和要求调整时间）。

（9）洗涤　去除结晶紫染色液，用 PBS 洗涤 2 次，每次 1～2min。

（10）拍照　洗涤结束，在倒置显微镜下拍照。

五、实验结果

拍摄不同浓度紫杉醇处理 24h 3T3 细胞结晶紫染色的显微镜图片。

六、注意事项

1. 用微量移液器吸染色液时，避免接触细胞。
2. 第一次使用结晶紫试剂盒时，建议先取 1～2 个样品做预实验。

3. 为了自身安全，使用试剂前做好防护，穿实验服，戴手套和口罩。
4. 结晶紫染色液需避光保存。

七、思考题

1. 结晶紫染色液染的是活细胞还是死细胞？
2. 如果只染活细胞，怎样控制结晶紫染色液的浓度？

实验二十二　脂质体介导的 EGFP 质粒细胞转染及显微镜观察

一、实验目的

1. 了解脂质体细胞转染的基本原理。
2. 掌握脂质体介导真核细胞转染实验方法。
3. 熟悉荧光显微镜拍照流程。

二、实验原理

EGFP（enhanced Green Fluorescent Protein）即增强绿色荧光蛋白，是 GFP 突变系。转染（transfection）指真核细胞由于外源遗传物质掺入而获得新的遗传标志的过程。外源遗传物质掺入原核细胞称为转化，使用病毒作为载体的称为感染。若目的 DNA 未与宿主细胞 DNA 整合而获表达，称瞬时转染（transient transfection），外源基因进入受体细胞后，存在于游离载体上，不整合在细胞的染色体上。此时，外源 DNA 仍然以附加的形式存在于细胞内。因此，mRNA 或蛋白质产物必须在短时间（1~3d）内进行测定或分析，而且质粒的人工构建和拷贝数可能会导致特异性调控元件失活或具有特异功能。其优点是快捷、简单，易于对结果进行分析，因此成为启动子功能分析的首选方法。若外源 DNA 整合到宿主细胞的染色体上，并随后者的复制而复制，称稳定转染（stable transfection）。由于外源基因被整合到细胞的染色体中，使得调控区能更精确地模拟正常功能，对随后的转录分析没有时间限制。缺点是需要进行药物筛选和细胞扩增，因此操作难度大，需要的周期较长。细胞转染技术有助于研究和控制真核细胞基因功能。在研究基因功能、调控基因表达、突变分析和蛋白质生产等生物学实验中，其应用越来越广泛。随着基因与蛋白质功能研究的深入，转染目前已成为实验室工作中经常涉及的基本方法。

目前主流的转染方法有物理介导法、化学介导法、病毒介导法。物理介导法包括电穿孔法、显微注射法、基因枪法等；化学介导法包括 DEAE-葡聚糖法、磷酸钙法、脂质体法等；病毒介导法包括腺病毒法、逆转录病毒法等。一些转染方法的比较如表 4-1 所示。

表 4-1　目前已有的基因转染的方法、原理、应用及特点

转染方法	原理	应用	特点
电穿孔法	高脉冲电压破坏细胞膜电位，DNA 通过膜上形成的小孔导入	稳定转染 瞬时转染	细胞用量大，需要根据不同细胞类型优化电穿孔实验条件

续表

转染方法	原理	应用	特点
显微注射法	用显微操作将 DNA 直接注入靶细胞核	瞬时转染 稳定转染	转染细胞数量有限，多用于工程改造或转基因动物的胚胎细胞
基因枪法	将 DNA 用显微重金属颗粒沉淀，再将包被好的颗粒用弹道装置射入细胞，DNA 在胞内逐步释放表达	稳定转染 瞬时转染	用于人的表皮细胞、纤维原细胞、淋巴细胞及原代细胞
磷酸钙法	磷酸钙 DNA 复合物吸附细胞膜，被细胞内吞	稳定转染 瞬时转染	不适用于原代细胞，操作简单但重复性差，有些细胞不适用
阳离子脂质体法	带正电荷的脂质体与核酸带负电荷的磷酸基团形成复合物，被细胞内吞	稳定转染 瞬时转染所有细胞	适用性广，转染效率高，重复性好，但转染时需要除去血清。转染效果随细胞类型变化大
病毒介导法	通过侵染宿主细胞将外源基因整合到染色体中	稳定转染	可用于难转染的细胞、原代细胞、体内细胞等
逆转录病毒	通过病毒中膜糖蛋白和宿主细胞表面的受体相互作用而进入宿主细胞，之后反转录酶启动合成 DNA，并随机整合到宿主基因组中	特定宿主细胞	携带基因不能太大，细胞需要处于分裂期，需考虑安全因素
腺病毒	通过侵染宿主细胞将外源基因整合到染色体中	瞬时转染特定宿主细胞	可用于难转染的细胞，需要考虑安全因素

脂质体（liposome）作为体内和体外输送载体的工具，已经研究得十分广泛，用合成的阳离子脂类包裹 DNA，同样可以通过融合而进入细胞。使用脂质体将 DNA 带入不同类型的真核细胞，与其他方法相比，有较高的效率和较好的重复性。中性脂质体是利用脂质膜包裹 DNA，借助脂质膜将 DNA 导入细胞膜内。带正电荷的阳离子脂质体，DNA 并没有预先包埋在脂质体中，而是带负电荷的 DNA 自动结合到带正电荷的脂质体上，形成 DNA-阳离子脂质体复合物，从而吸附到带负电荷的细胞膜表面，经过内吞作用被导入细胞。

三、实验用品

1. 实验材料

3T3 细胞、pcDNA3. 1-EGFP 质粒。

2. 实验试剂

含血清的培养基、Lipofectamine 3000 转染试剂盒、Opti-MEM 培养基、1×PBS 缓冲

液等。

3. 实验仪器

37℃含 5% CO_2 恒温培养箱、血球计数板、光学显微镜、荧光倒置显微镜、离心机、超净工作台、水浴锅、100mm 细胞培养皿、15mL 离心管、50mL 离心管、24 孔板、微量移液器等。

四、实验步骤（以 Lipofectamine 3000 试剂， 24 孔板为例）

基因转染的实验大致流程如图 4-11 所示。

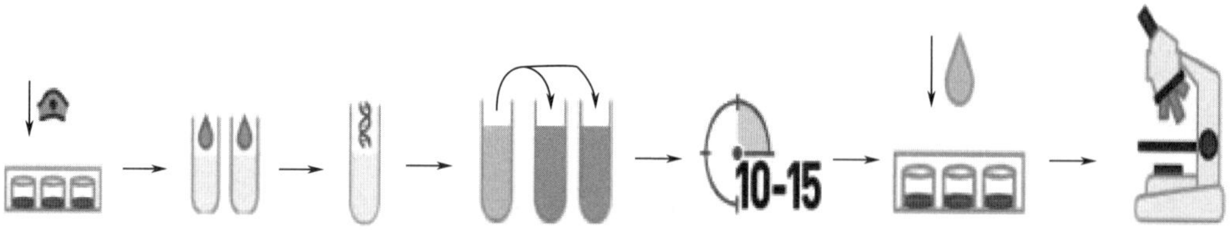

图 4-11　基因转染的实验流程

（1）将培养皿中的细胞移出培养基，用 2mL PBS 洗涤 3 遍后，1mL 胰蛋白酶消化细胞 2min，加入 2mL 含有血清的培养基终止消化，1000r/min 离心 5min，倒去上清液，加入 2mL 含血清培养基吹打 20~30 下，重悬细胞待用。

（2）用血球计数板对重悬的细胞计数。

（3）取 24 孔培养板，向每孔中加入含有 400μL 2×10^5 个细胞的细胞悬液，37℃含 5% CO_2 恒温培养箱培养至 70%~90%融合率进行转染操作。

（4）取离心管对 Lipofectamine 3000 和质粒进行稀释（每种反应混合物体积为单个孔的体积，总的数量按比例计算）。

①使用 Opti-MEM 培养基稀释 Lipofectamine 3000 试剂，使每孔含有 0. 75μL 的 Lipofectamine 3000，每孔量为 25μL。

②使用 Opti-MEM 培养基稀释 DNA，制备 DNA 预混液，使每孔中含有 1μg 的 DNA 和 2μL 的 Lipofectamine 3000，每孔量为 25μL。

③将管中已稀释的 Lipofectamine 3000 试剂中加入已稀释的 DNA 管中（1∶1比例）。

（5）室温下孵育 10~15min。

（6）将上述的 DNA-脂质体复合物加入细胞中，每孔 50μL。

（7）24 孔板放入细胞培养箱中继续培养 2~4d。

（8）荧光倒置显微镜下观察 EGFP 荧光。

①打开显微镜，关闭自然光通道，打开荧光模式。

②滤色玻片转到蓝色通道。

③显微镜上调节粗准焦螺旋和细准焦螺旋至最清晰状态后，转到电脑上拍照。

五、实验结果

记录荧光显微镜观察3T3绿色荧光蛋白表达的图片。

六、注意事项

1. Lipofectamine 3000试剂用量各有不同。可以通过预实验摸索最佳浓度，以确定最佳用量，开始新的转染。

2. 在无血清培养基（如Opti-MEM减血清培养基）中制备DNA-Lipofectamine 3000复合物，直接将其加入含细胞培养基的细胞中（在血清/抗生素存在或不存在时均可）。

七、思考题

1. 如果转染效率不好，可能是哪些原因导致的？

2. 细胞的死亡率高有哪些改善办法？

实验二十三　实时荧光定量 PCR 检测 EGFP 基因在细胞中的表达水平

一、实验目的

1. 了解实时荧光定量 PCR 实验进行基因表达水平检测的基本原理。
2. 掌握实时荧光定量 PCR 测定 EGFP 基因在细胞中的表达水平的实验操作。
3. 熟悉实时荧光定量 PCR 实验的数据处理方法。

二、实验原理

实时荧光定量 PCR 技术（Real-time Quantitative PCR，RT-qPCR）是指在 PCR 反应体系中加入可与 DNA 产物特异性结合的荧光基团（包括荧光染料或荧光标记的特异性探针），对 PCR 产物进行标记跟踪，随着 PCR 反应的进行，反应产物不断累积，荧光信号强度也等比例增加。每经过一个循环，收集一次荧光强度信号，这样即可通过荧光信号强度的变化实时监测整个 PCR 过程中产物量的变化，并结合相应软件对产物进行分析，可以得到荧光扩增曲线，从而计算待测样品中目的基因初始模板的量，常用于分析目的基因的表达水平的变化。此次实验的目的基因为 EGFP 基因。

根据 EGFP 基因的碱基序列，可以设计出它扩增的正向引物和反向引物序列分别如下。

正向引物（Forward Primer）：ATGGCTAGCAAAGGAGAAGA。

反向引物（Reverse Primer）：TTATTTGTAGAGCTCATCCATGC。

实时荧光定量 PCR 的重要参数和曲线如下。

（1）扩增曲线　如图 4-12 所示，荧光信号的变化量的对数与 PCR 反应循环数的关系。扩增曲线可以分成 3 个阶段：荧光背景信号阶段、荧光信号指数扩增阶段和平台期。在荧光背景信号阶段，扩增的荧光信号被荧光背景信号所掩盖，无法判断产物量的变化。而在平台期，扩增产物已不再呈指数级增加，PCR 的终产物量与起始模板量之间没有线性关系。因此，只有在荧光信号指数扩增阶段，PCR 产物量的对数值与起始模板之间存在线性关系，可以选择在这个阶段进行定量分析。

（2）荧光阈值　荧光阈值是在荧光扩增曲线上人为设定的一个值，它可以设定在荧光信号指数扩增阶段的任意位置上。

（3）Ct 值　Ct 值是指每个反应管内的荧光信号到达设定阈值时所经历的循环数。Ct 值主要由扩增反应体系中模板的初始浓度决定。如果模板初始浓度高，只需要较少的扩增循环就可以累积足够的产物，产生高过背景的荧光信号，因此，反应就有一个较小或较早出现的 Ct 值；相反，如果模板初始浓度低，需要较多的扩增循环才能产生高过背景的荧光信号，反应就有一个较大或较迟出现的 Ct 值。两者之间关系的建立是荧光定量 PCR 用于定量分析的依据。

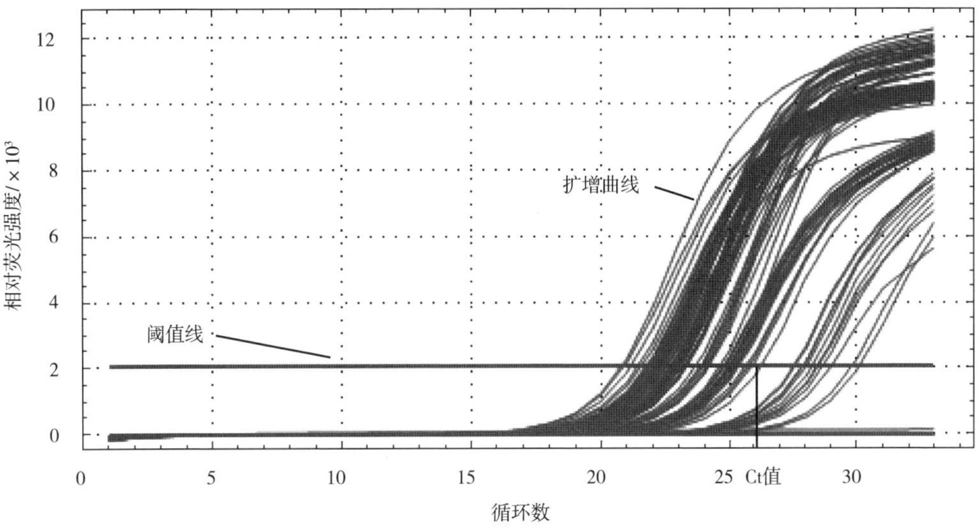

图 4-12　实时荧光定量 PCR 扩增曲线图

荧光定量 PCR 的数学原理如下。

理想的 PCR 反应：　　$X=X_0\times 2n$

非理想的 PCR 反应：　　$X=X_0(1+E_x)n$

式中：n——扩增反应的循环次数。

X——第 n 次循环后的产物量。

X_0——初始模板量。

E_x——扩增效率。

在扩增产物达到阈值线时：

$$X_{Ct} = X_0(1+E_x)Ct = M$$

式中：X_{Ct}——荧光扩增信号达到阈值强度时扩增产物的量。在阈值线设定以后，它就是一个常数，设为 M。

方程两边同时取对数得：

$$\lg M = \lg X_0(1+E_x)Ct$$

整理得：

$$\lg X_0 = -\lg(1+E_x)\times Ct + \lg M$$

绝对定量：先用已经不同拷贝数梯度的标准样品得到一条 $\lg X_0$ 与 Ct 值的标准曲线，再将样品的 Ct 值代入求得样品的拷贝数 X_0。

相对定量：通过比较两个或多个处理的样本之间的基因表达差异，来研究处理的效果。该方法需要内参基因作为参考点，内参基因一般为 β-actin 等看家基因（看家基因是指维持细胞最低限度功能所必不可少的基因，其在细胞内的表达量或拷贝数恒定）。

存在两种方法：一是双标准曲线法。二是 ΔCt 法。该方法的前提条件是内参基因和目标基因的扩增速率都为 1。

三、实验用品

1. 实验材料

转染 pcDNA3. 1-EGFP 质粒的 3T3 细胞。

2. 实验试剂

Biozol 或 Trizol、氯仿、异丙醇、75% 乙醇、超纯水、反转录试剂盒、SYBR mix、EGFP 基因的正向引物与反向引物等。

3. 实验仪器

微量移液器、掌上离心机、高速冷冻离心机、振荡仪、PCR 板及甩板机或 PCR 管、实时荧光定量 PCR 仪等。

四、实验步骤

1. 细胞 RNA 的提取

（1）选择 6 孔板细胞铺板（接种量约为 2×10^5 个细胞/孔），根据质粒浓度不同分为 4 组（对照组、0. 5、1 和 2μg），每组至少 3 个孔。

（2）培养至 70%~80%融合率进行转染操作，除质粒外 6 孔板每孔中需要有 3. 75μL Lipofectamine 3000 和 10μL PDNA，具体细胞转染实验操作详见实验二十二。

（3）转染 24h 后，从培养箱中取出细胞培养板（6 孔板），若细胞长得较满，1 孔为 1 个样，吸取培养液丢弃，每孔加入 600μL 裂解液（Biozol 或 Trizol），使用细胞刮刀将贴壁细胞刮下来助于裂解，然后将每孔内所有溶液分别吸入 1. 5mL 离心管中。

（4）每管细胞匀浆裂解液中加入 150μL 氯仿（裂解液体积的 1/4），然后盖紧离心管，剧烈振荡 15s，置于冰上静置 10min。

（5）12000r/min、4℃ 离心 15min 后，从离心机中小心取出离心管。此时管内溶液分成三层：无色的上清液、中间的白色蛋白层以及带有颜色的下层有机相。小心吸取上清液 200~250μL 至另一新离心管内，此时注意微量移液器吸头不能碰到中间蛋白层。

（6）在吸出的上清液中加入与其等体积的异丙醇，上下颠倒离心管使之充分混合后，冰上静置 10min。

（7）12000r/min、4℃ 离心 10min 后（离心时注意离心管摆放的方向，可以都朝着离心机的轴），小心倒去液体（此时离心管可以再放回离心机中离心 1min，使管壁上液体流下来，使用微量移液器在产生沉淀的另一面吸掉液体，注意一定不能吸到 RNA 沉淀）。

（8）缓慢地顺着离心管壁加入 75%乙醇 600μL（与加入的裂解液体积相同），上下轻轻颠倒洗涤。

（9）10000r/min、4℃离心 8min 后，除去液体，方法与上述步骤（5）相同，注意为了更好地控制 RNA 中盐离子含量，尽可能除尽乙醇，在不碰到沉淀的情况下将液体吸干。

（10）静置干燥沉淀 5min，加入适量超纯水溶解，充分混匀（若无法看到沉淀，加 10μL 超纯水；能看到片层沉淀，加 15~20μL 超纯水溶解沉淀）。

2. RNA 反转录成 cDNA（反转录试剂以诺唯赞为例）

（1）RNA 变性　65℃灭活 5min，立即置于冰上 10min。

（2）测量浓度　尽量控制各样品浓度在 400~700ng/μL，可以适当稀释。

（3）去除模板 DNA，体系配制如表 4-2 所示：

表 4-2　　去除模板 **DNA** 过程加样体系表

试剂	使用量	试剂	使用量
不含 RNase 的去离子水	x	总 RNA	1pg~1μg
4×gDNA wiper mix	4μL	总量	16μL

用微量移液器轻轻吹打混匀。条件为 42℃，2min。

（4）配制反转录反应体系　在上一步的反应管中直接加入 4μL 5×HiScript Ⅱ qRT SuperMix Ⅱ（表 4-3）。

表 4-3　　反转录体系加样表

试剂	使用量/μL	试剂	使用量/μL
5×HiScript Ⅱ qRT SuperMix Ⅱ	4	总量	20
上一步反应液	16		

用微量移液器轻轻吹打混匀。

（5）50℃、15min，85℃、5s。之后立即置于冰上，如图 4-13 所示。

图 4-13　RNA 提取和反转录

（6）充分混匀后与超纯水 1∶1 稀释后备用。

3. RT-qPCR 的点样及上机操作

（1）配制 10μL PCR 体系（表 4-4）：

表 4-4　**RT-qPCR** 加样体系表

试剂	使用量/μL	试剂	使用量/μL
cDNA	1.0	SYBR	5.0
正向引物（10μmol/L）	0.4	不含 RNase 的去离子水	3.2
反向引物（10μmol/L）	0.4	总量	10.0

配制除 cDNA 外的 9μL 体系时需要多配几个，如 7 个样就配 10 个 9μL 体系，即此 9μL 体系中的所有组分×10 后分别加入，混匀后的体系每个孔加入 9μL。

（2）点样　先点 1μL cDNA，后加 9μL 体系，离心混合。

（3）上机　按以下程序运行进行扩增（图 4-14），即①95℃，3min；②95℃，10s；③60℃，30s；其中，②③步循环 40 次。

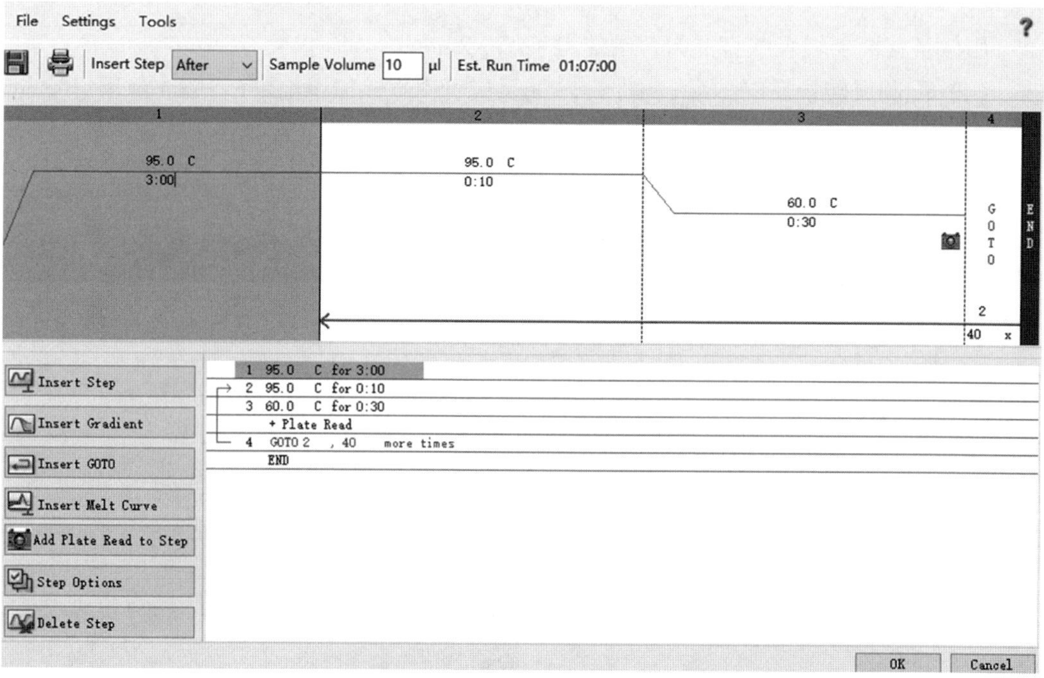

图 4-14　RT-qPCR 上机实操程序界面图

4. 实验结果的处理

（1）将同一样品内参基因 Ct 值减去 EGFP 基因 Ct 值，得到 ΔCt 值。

（2）运用公式将 ΔCt 值返回到 EGFP 基因相对于内参基因的相对初始模板量，即 EGFP 基因的相对表达量。这一步可以借助 Excel 中的 Power 函数。Power 函数的语法为：Power（number，power），其中参数 number 表示底数，参数 power 表示指数。这里 number=2，power=ΔCt。

（3）可以将得出的各样品的相对初始模板量的值归一化，一般将对照组的基因表达量定为 1，即可以得出其他组相对于对照组的基因表达倍数。但因为此次实验对照组 EGFP 不表达，可以将质粒浓度最低组（0.5μg 组）的 EGFP 表达量定为 1，归一化后即可以得出其他组相对于该组的基因表达倍数，各组之间的表达情况可以进行比较。

五、实验结果

1. 由于对照组并没有转染入带有 EGFP 基因的质粒，所以对照组中 EGFP 几乎不表达。

2. 在实验组，由于转染的质粒量不同（分别为 0.5、1 和 2μg），不同组细胞 EGFP 的表达量会有所不同，可以通过 ΔCt 值计算出不同组别的平均相对表达量来进行比较。

六、注意事项

1. 实验进行中应佩戴一次性无菌口罩及无菌乳胶手套，尽量避免交谈，防止 PCR 模板污染。

2. 使用 Biozol 或 Trizol 试剂时，避免接触皮肤或衣服，避免吸入蒸气。

3. 加样前，先做好规划，确定好加样顺序，避免交叉污染。

4. 上机前，务必通过瞬离将反应液离至管底，并消除溶液中气泡，因为气泡会干扰荧光检测且降低酶活力，从而降低扩增效率。

七、思考题

1. 简述实时荧光定量 PCR 反应的原理。

2. 实时荧光定量 PCR 实验中有哪些优化方法？

第五章 CHAPTER 5

腹腔巨噬细胞的提取及功能研究

实验二十四　腹腔巨噬细胞的分离提取及形态观察

一、实验目的

1. 掌握腹腔巨噬细胞分离提取的实验原理与操作方法。
2. 掌握腹腔巨噬细胞形态观察的实验原理与操作方法。

二、实验原理

巨噬细胞（macrophage）是由血液中单核细胞迁入组织后分化形成的成熟类细胞，广泛分布于脾脏、肝脏、腹腔、神经系统以及结缔组织等，是机体非特异性免疫的重要组成部分。巨噬细胞具有吞噬杀伤、抗原提呈及免疫调节作用，能够帮助机体识别外来病原体及非正常细胞并及时清除，起到帮助机体抵御外来病原体入侵和非正常细胞破坏的重要作用。巨噬细胞作为机体的防御卫士，在机体炎症、免疫以及组织重建中发挥重要作用。根据其功能和分化程度可分为经典途径激活的巨噬细胞 M1 型（杀伤型）和替代途径激活的巨噬细胞 M2 型（治愈型）。M1 型巨噬细胞具有杀灭微生物、参与炎症及抗肿瘤作用。M2 型巨噬细胞具有很强的免疫调节、组织修复及抗炎能力。鉴于巨噬细胞在免疫调节中的重要作用，分离纯化巨噬细胞并研究其功能显得非常重要。

巨噬细胞分布较广，可采用多种方法培养不同来源的巨噬细胞，其中小鼠腹腔取材较为常用。腹腔巨噬细胞多存在于游离的腹水中，相对比较容易获得。小鼠腹腔巨噬细胞分离及纯化的基本原理是巨噬细胞属不繁殖细胞群，在适宜条件下可存活 2~3 周，难以长期生存，多做原代培养。正常情况下每只小鼠可收集的腹腔巨噬细胞数量在 1×10^6 个，可以通过向小鼠腹腔中注射刺激物诱导无菌的炎症环境，导致巨噬细胞渗出增加，易于分离更多的腹腔巨噬细胞。

细胞染色鉴定细胞的成活状态是一种常见的技术。台盼蓝是一种常被用于细胞死活鉴定的染料。由于活细胞细胞膜表面结构完整，因此活细胞不能被台盼蓝染上颜色。而死细胞细胞膜通透性增加，台盼蓝进入细胞和 DNA 结合，在光学显微镜下呈现淡蓝色。因此，台盼蓝染色是一种鉴定细胞膜通透性的方法，区分死细胞和活细胞。巨噬细胞作为重要的免疫细胞，其主要功能是以固定细胞或游离细胞的形式对细胞残片及病原体进行噬菌作用。由于巨噬细胞吞噬作用，活体巨噬细胞能够吞噬台盼蓝染色，因此台盼蓝可以作为巨噬细胞的活体染色剂。

Diff-Quik 染色即迪夫快速染色法，是在 Wright 染色法上改良而来的一种细胞学常用的染色方法。其最大的特点是染色速度快，仅需 90s 即可完成染色。

三、实验用品

1. 实验材料

SPF 级昆明小鼠（6 周左右）、针头、注射器、刀片、剪刀、镊子、50mL 离心管、冰、载玻片、盖玻片等。

2. 实验试剂

6%淀粉肉汤（炎性腹腔巨噬细胞诱导剂）、75%乙醇、含 10% FBS 的 DMEM 培养基、Diff-Quik 染液、40g/L 台盼蓝、PBS 等。

3. 实验器材

解剖固定板、细胞培养孔板（或培养皿）、细胞计数板、微量移液器及吸头、超净工作台、二氧化碳孵箱、离心机等。

四、实验步骤

小鼠腹腔巨噬细胞的提取流程如图 5-1 所示，具体如下。

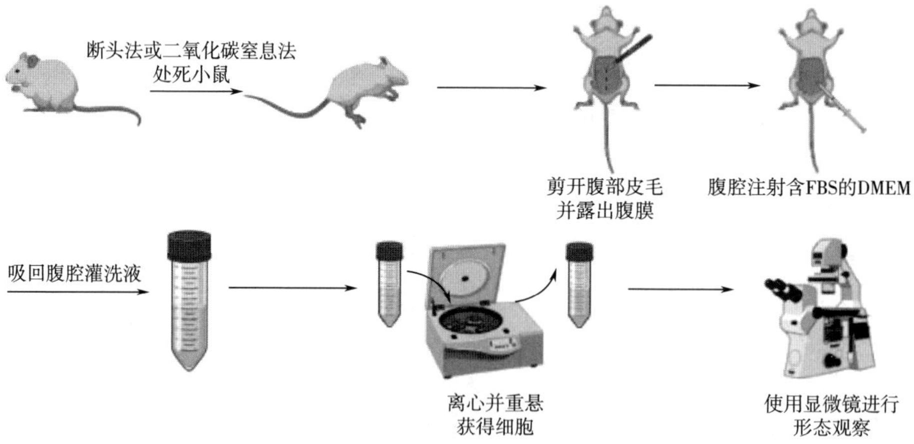

图 5-1 小鼠腹腔巨噬细胞的提取流程图

1. 实验前准备工作

（1）6%淀粉肉汤的配制　将 1.0g 胰蛋白胨、0.3g 牛肉浸膏和 0.5g 氯化钠放入盛有 100mL 双蒸水的烧杯中，置于磁力搅拌器常温溶解后 121℃灭菌 30min，于 4℃保存。

（2）腹腔巨噬细胞的诱导 在腹腔巨噬细胞分离前 3 天，每天注射 1mL 的淀粉肉汤。

（3）准备工作 使用脱毛膏脱去小鼠腹部的毛发，并使用 75%乙醇进行消毒。并将 50mL 离心管提前置于冰上预冷。

2. 腹腔巨噬细胞的分离提取

（1）采用脱颈椎或者二氧化碳窒息法处死小鼠，将小鼠置于 75%乙醇中 5s。

（2）将小鼠置于解剖台上，无菌条件下剪开小鼠腹部皮肤并用镊子撕开，暴露出完整腹膜。

（3）使用注射器吸取 10mL 含 10% FBS 的 DMEM 培养基，针尖朝上，腹腔注射进小鼠体内。

（4）调整至针尖朝下，微微挑起腹膜，慢慢吸回腹腔内液体（约 8mL/只小鼠）。

（5）将吸回的腹腔灌洗液注入提前预冷过的 50mL 离心管中。留存部分细胞进行形态观察，剩余细胞 400g，4℃离心 10min，弃上清液，收集细胞，使用适宜浓度的培养基重悬细胞进行培养。

3. 腹腔巨噬细胞的形态观察

（1）简单观察

①稀释：取 20μL 腹腔灌洗液进行稀释，最佳状态为细胞能够均匀地分散开却不至过于稀疏。

②在洁净的载玻片上盖上盖玻片，使用微量移液器吸取 0.1mL 均匀的细胞悬液，从盖玻片的边缘滴入载玻片与盖玻片中间。

③将载玻片置于光学显微镜下，调整好焦距进行观察，并进行拍照。

（2）台盼蓝染色观察

①取已知浓度适宜量的细胞悬液重悬于 1mL PBS 中，使用 40g/L 台盼蓝对其进行稀释，100×*g* 离心 5min，弃上清液。

②使用 1mL PBS 重悬细胞，将 40g/L 台盼蓝与细胞悬液 1∶1 进行混合，室温下孵育 3min。

③在 3~5min 之内，滴一滴混合液于盖好盖玻片的载玻片处，使用显微镜观察细胞。

（3）Diff-Quik 染色观察

①将 0.2mL 腹腔灌洗液加入细胞甩片机，600r/min，离心 6min，制成细胞甩片。

②风干后，依据说明书进行 Diff-Quik 染色并观察。

五、实验结果

1. 记录腹腔巨噬细胞的直接显微镜观察结果。
2. 记录腹腔巨噬细胞的台盼蓝染色观察结果。
3. 记录腹腔巨噬细胞的 Diff-Quik 染色观察结果。

六、注意事项

1. 细胞实验使用的所有器材与试剂应保证无菌，因此需要提前进行灭菌处理。

2. 由于巨噬细胞会与多种材质的实验耗材产生黏附，实验中应当避免使用相应的材料，推荐使用聚丙烯材料的耗材。

3. 试剂应置于4℃备用，需要预冷的实验材料应提前预冷。

4. 本实验会使用到利器和染料，因此应当做好防护。

5. 实验中有涉及动物的部分，因此应当考虑动物福利。

七、思考题

1. 如果想要对提取的巨噬细胞进行计数，应该如何操作？

2. 在进行形态观察时，如何确定适宜的稀释倍数？

实验二十五 RT-qPCR 检测 LPS 诱导腹腔巨噬细胞细胞因子 mRNA 水平表达

一、实验目的

1. 掌握 RT-qPCR 的实验原理。
2. 熟悉 RT-qPCR 检测细胞因子的流程和技术。

二、实验原理

脂多糖（lipopolysaccharide，LPS）是革兰氏阴性细菌细胞壁的主要成分之一，主要由脂质和多糖构成。LPS 作为一种常见的细菌内毒素，可以通过细胞信号转导系统激活巨噬细胞、内皮细胞和上皮细胞等，从而导致细胞合成和释放多种细胞因子和炎性介质，进而激发有机体的一系列反应。

巨噬细胞的激活是一个高度动态和可塑性的过程，目前，关于 LPS 激活巨噬细胞的机理研究较为透彻。LPS 通过与巨噬细胞的表面受体结合，尤其是 TLR4 受体，导致其二聚体化，TLR4 被激活后，胞内基团构象发生变化，将信号传入胞内，从而活化胞内信号转导通路，最终引起 IL-1、IL-6、TNF-α 等的释放，形成炎症反应。炎症作为机体免疫应答的重要机制之一，是分子生物学领域研究的热点方向，LPS 由于易于控制，模型重现性好，对全身的影响很容易识别和测量等优势，是建立急性炎症模型的金标准试剂。

RT-qPCR 即定量逆转录 PCR（quantitative reverse transcription PCR），实时荧光定量聚合酶链式反应指的是在 PCR 进行的同时，对其过程进行实时监测，利用荧光信号的变化实时检测 PCR 反应体系中每一次循环产物的变化，通过 Ct 值和标准曲线的分析对起始模板进行定量分析。SYBR Green 能够结合到双链 DNA 的小沟部位，且 SYBR Green 只有和双链结合后才能发出荧光，变性时，DNA 双链解开，无荧光，复性和延伸时，形成双链 DNA，SYBR Green 发荧光，在此阶段采集荧光信号。本实验中检测 LPS 诱导巨噬细胞炎性模型，并利用 RT-qPCR 检测相关细胞因子如 IL-1β、IL-6、IL-12 和 TNF-α 的 mRNA 表达水平。

三、实验用品

1. 实验材料

10mL 离心管、小鼠巨噬细胞（静息状态）、微量移液器、吸头、EP 管和 PCR 管等。

2. 实验试剂

含 10%（体积分数）FBS 和 50μg/mL 硫酸庆大霉素的 DMEM 培养基、5μg/mL DMEM-10 配制的大肠杆菌来源 LPS、Trizol 试剂、反转录试剂盒、荧光定量 PCR 反应试剂盒等。

3. 实验仪器

离心机、37℃含 5% CO_2 恒温培养箱、超净工作台、灭菌锅、实时荧光定量 PCR 仪等。

四、实验步骤

1. LPS 诱导腹腔巨噬细胞炎症模型

RT-qPCR 检测 LPS 小鼠腹腔巨噬细胞细胞因子分泌的实验流程如图 5-2 所示：

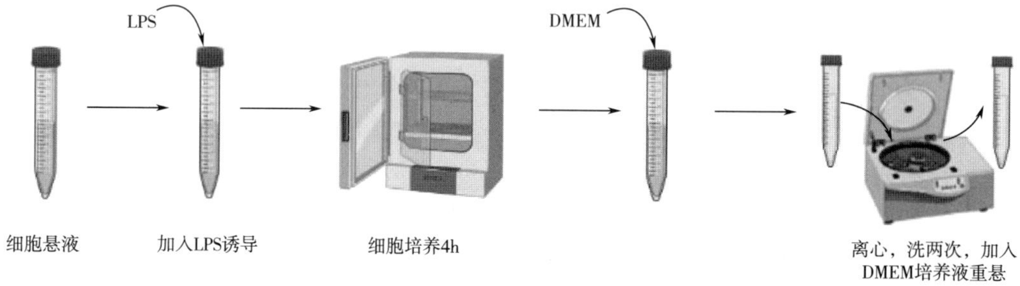

图 5-2 RT-qPCR 检测 LPS 小鼠腹腔巨噬细胞细胞因子分泌的实验流程

（1）LPS 溶液配制　将 LPS 粉末配制成 1mg/mL 溶液，用 0.22μm 滤膜过滤备用。

（2）消化细胞并计数　实验前将 DMEM 完全培养基、PBS 和 DMEM 基础培养基置于 37℃水浴锅中进行预热。腹腔巨噬细胞生长至 70%～80%后，向培养皿中加入 1mL 0.25%胰蛋白酶，消化细胞 0.5～1min，再加入 2mL DMEM 完全培养基终止消化，轻吹培养皿中的细胞并转移至 15mL 离心管中，以 1000r/min 离心 5min 收集细胞。离心结束后弃去旧液，加入 2～3mL DMEM 基础培养基重悬细胞，并进行细胞计数。

（3）铺板并培养细胞　接种密度 2.5×10^5 个/孔，每孔体积为 2mL，将 6 孔板置于 37℃含 5% CO_2 恒温培养箱培养过夜。

（4）LPS 刺激　设置对照组、LPS 刺激组，每组 3 个对照。对照组中加入 2mL 无血清培养基，LPS 刺激组加入无血清培养基配制的 5μg/mL 的 LPS，使其终浓度为 10ng/mL，继续培养 6h。

（5）PBS 洗涤，收集细胞备用。

2. 总 RNA 的提取及 cDNA 合成

参考“实验一　动物肝组织中总 RNA 的提取及测定”中的方法进行总 RNA 的提取，反转录体系如表 5-1 所示。

表 5-1　反转录试剂用量列表

试剂	使用量	试剂	使用量
5×RT Buffer Mix	2.0μL	总 RNA	500.0ng/μL
RT Enzyme Mix	0.5μL	不含 RNase 的去离子水	总量补至 10.0μL
Primer RNA	0.5μL		

3. RT-qPCR 检测

（1）设计实验引物，引物序列如表 5-2 所示。

表 5-2　炎性细胞因子检测引物序列

基因名称	引物序列（5′-3′）
TNF-α	正向：GTCTACTGAACTTCGGGGTGAT 反向：GGCTACAGGCTTGTCACTCG
IL-1β	正向：CCAACAAGTGATATTCTCCATGAG 反向：ACTCTGCAGACTCAAACTCCA
IL-6	正向：CTCTGCAAGAGACTTCCATCC 反向：GAATTGCCATTGCACAACTC
IL-12	正向：GGAAGCACGGCAGCAGAATA 反向：AACTTGAGGGAGAAGTAGGAATGG
Gapdh	正向：GTGGCAAAGTGGAGATTGTTG 反向：AGTCTTCTGGGTGGCAGTGAT

（2）实时荧光定量 PCR，参考“实验三　逆转录聚合酶链式反应（RT-PCR）扩增克隆基因”中的方法进行 RT-qPCR 检测。如表 5-3 所示，RT-PCR 用 TAKARA 公司的 SYBR Green Real-time PCR Master Mix 进行，实验仪器为 Applied Biosystems7500 Real-Time PCR System。PCR 反应程序为：95℃、1min，95℃、15s，60℃、1min，循环数为 40 个。每个循环反应延伸阶段完成后由仪器自动收集 Ct 值。

表 5-3　荧光定量 **PCR** 的加样量

试剂	使用量/μL	试剂	使用量/μL
SYBR Green Real-time PCR Master Mix	5.0	cDNA	1.0
正向引物（10μmol/L）	0.4	不含 RNase 的去离子水	3.2
反向引物（10μmol/L）	0.4	总量	10.0

（3）实验结果的处理　每个反应设置 3 组重复实验，以 *Gapdh* 作为管家基因并采用 2-ΔΔCt 法来计算目的基因表达量。

五、实验结果

绘制 LPS 诱导腹腔巨噬细胞 IL-1β、IL-6、IL-12 和 TNF-α 的 mRNA 表达水平的柱状图，并进行分析。

六、注意事项

1. 实验中使用的器材与试剂应保证无菌，因此需要提前进行灭菌处理。

2. 在实验过程中，应当做好个人防护。

3. 由于巨噬细胞对内毒素较为敏感，因此实验中除了必要的情况之外，所使用的试剂应不含内毒素。

七、思考题

1. RT-qPCR 与 PCR、RT-PCR、qPCR 各有哪些区别与联系？

2. 巨噬细胞的 M1、M2 型极化有什么区别与联系？各有哪些特征？

实验二十六 ELISA 检测 LPS 诱导腹腔巨噬细胞细胞因子的分泌

一、实验目的

1. 掌握 ELISA 检测细胞因子分泌的原理及方法。
2. 熟悉 ELISA 检测腹腔巨噬细胞中 *IL*-6 和 *IL*-10 的基本流程。

二、实验原理

ELISA 全称为酶联免疫吸附试验（Enzyme-linked Immunosorbent Assay），是当前应用最为广泛的一项定性/定量检测抗体（抗原）的免疫酶技术。ELISA 是将抗原、抗体的免疫反应和酶的高效催化反应有机结合而发展起来的一种综合性技术。固定在载体表面的抗原/抗体不会失活，仍然保留其免疫反应性。酶标记的抗体或者抗原既具有免疫学活性，还具有酶的催化活性。在实际检测时，首先将抗原或者抗体固定在固相载体上。然后加入检测对象，让待测物质与固相化物质结合，形成固相化的“抗原-抗体”复合物。再加入酶标记的抗体或者抗原，与固相化的复合物结合，形成酶标复合物。最后加入底物溶液，发生酶催化底物显色反应，根据颜色深浅进行定性或定量分析。

IL-6 和 *IL*-10 试剂盒采用双抗体夹心 ELISA 法。用抗小鼠 *IL*-6 和 *IL*-10 抗体包被于酶标板上，实验时样品或标准品中的小鼠 *IL*-6 和 *IL*-10 会与包被抗体结合，游离的成分被洗去。依次加入生物素化的抗小鼠 *IL*-6 和 *IL*-10 抗体和辣根过氧化物酶标记的亲和素。抗小鼠 *IL*-6 和 *IL*-10 抗体与结合在包被抗体上的小鼠 *IL*-6 和 *IL*-10 结合、生物素与亲和素特异性结合而形成免疫复合物，游离的成分被洗去。加入显色底物（TMB），TMB 在辣根过氧化物酶的催化下呈现蓝色，加终止液后变成黄色。用酶标仪在 450nm 波长处测吸光度值，*IL*-6 和 *IL*-10 浓度与 A_{450} 呈正比，通过绘制标准曲线计算出样品中 *IL*-6 和 *IL*-10 的浓度。

三、实验用品

1. 实验材料

小鼠腹腔巨噬细胞。

2. 实验试剂

DMEM 基础培养基（无血清）、胎牛血清（FBS）、DMEM 完全培养基（含 10%胎牛血清）、0. 25%胰蛋白酶、磷酸盐缓冲液（PBS）、75%乙醇、LPS、0. 22μm 滤膜、*IL*-6 ELISA 检测试剂盒、*IL*-10 ELISA 检测试剂盒等。

3. 实验仪器

100mm 细胞培养皿、1.5mL 离心管、15mL 离心管、50mL 离心管、微量移液器、24 孔板、血球计数板、酶标仪、37℃含 5% CO_2 恒温培养箱、光学显微镜、离心机、超净工作台、水浴锅等。

四、实验步骤

ELISA 检测 LPS 诱导小鼠腹腔巨噬细胞细胞因子分泌的实验流程如图 5-3 所示：

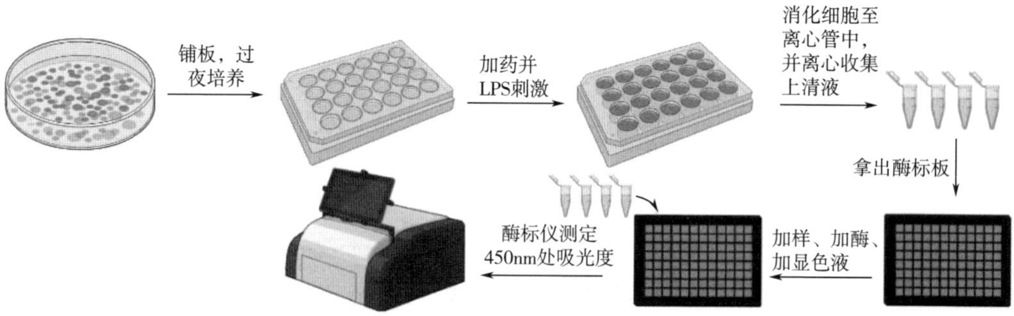

图 5-3　ELISA 检测 LPS 诱导小鼠腹腔巨噬细胞细胞因子分泌的实验流程

（1）LPS 溶液配制　将 LPS 粉末配制成 1mg/mL 溶液，用 0.22μm 滤膜过滤备用。

（2）消化细胞并计数　实验前将 DMEM 完全培养基、PBS 和 DMEM 基础培养基置于 37℃水浴锅中进行预热。腹腔巨噬细胞生长至 70%～80%后，向培养皿中加入 1mL 0.25%胰蛋白酶，消化细胞 0.5～1min，再加入 2mL DMEM 完全培养基终止消化，轻吹培养皿中的细胞并转移至 15mL 离心管中，以 1000r/min 离心 5min 收集细胞。离心结束后弃去旧液，加入 2～3mL DMEM 基础培养基重悬细胞，并进行细胞计数。

（3）铺板并培养细胞　按每孔 4 万细胞的标准计算所需要的细胞数量，并对细胞进行稀释。将稀释的单细胞悬液加入 24 孔板中，每孔 400～500μL。将 24 孔板置于 37℃含 5% CO_2 恒温培养箱培养 12h。

（4）LPS 刺激　用 DMEM 基础培养基将 LPS 稀释至 1μg/mL，并按 500μL/孔加入孔板中，刺激细胞 6h。

（5）收集样本　LPS 刺激 6h 后，收集孔板中的细胞培养液置于无菌离心管中，3000r/min 离心 20min，去除颗粒和聚合物，仔细收集上清液。

（6）板条处理　从室温平衡 20min 后的铝箔袋中取出所需板条，剩余板条用自封袋密封放置 4℃条件下。

（7）加样　设置空白孔、标准品孔和样本孔，标准品孔各加不同浓度的标准品 50μL；样本孔先加待测样本 10μL，再加样本稀释液 40μL（即样本稀释 5 倍）；空白孔不加。

（8）加酶　除空白孔外，标准品孔和样本孔中每孔加入辣根过氧化物酶（HRP）标记的检测抗体 100μL，用封板膜封住反应孔，37℃培养箱孵育 30～60min。

（9）洗涤 弃去液体，吸水纸上拍干，每孔加满洗涤液，静置 1min，甩去洗涤液，吸水纸上拍干，如此重复洗板 5 次。

（10）显色 每孔加入试剂盒中显色液 A 50μL，再加入显色液 B 50μL，轻轻振荡混匀，37℃培养箱避光显色 15min。

（11）终止 每孔加入终止液 50μL，终止反应。

（12）测定 以空白孔调零，在 450nm 波长处测定各孔的吸光度。

五、实验结果

1. 用不同浓度的标准样品绘制出标准曲线。
2. 利用 Excel 和 Prism 分析 LPS 刺激后小鼠巨噬细胞分泌细胞因子的情况，并作图。

六、注意事项

1. 加样时将样品加在酶标孔板底部，尽量不触及孔壁，轻轻晃动均匀。
2. 终止液加入后，溶液应由蓝色立即转为黄色。
3. 测定应在终止反应后 15min 内进行。
4. 样品如果不立即使用，应将小部分分装储存在-20℃冰箱，避免反复融冻。化冻时应在室温条件下充分解冻。

七、思考题

1. 如果 *IL*-6 分泌过少，有可能是什么原因导致的？
2. 是否会出现假阴性或者假阳性的结果？如果出现应当怎么解决？

实验二十七　流式细胞仪测定腹腔巨噬细胞 M1/M2 型极化

一、实验目的

1. 了解流式细胞仪检测的基本原理。
2. 熟悉流式细胞仪的操作方法。
3. 掌握利用流式细胞仪测量细胞中巨噬细胞群体特征表型的方法。

二、实验原理

流式细胞术（Flow Cytometry）是 20 世纪 70 年代发展起来的一种利用流式细胞仪对细胞等生物粒子的理化及生物学特性（细胞大小、DNA/RNA 含量、细胞表面抗原表达等）进行定量，快速、客观多参数相关检测分析的新技术。它借鉴了荧光显微镜技术与血球计数原理，同时利用荧光染料、激光技术、单抗技术以及计算机技术的发展，大大提高了检测速度与统计精确性，而且从同一个细胞中可以同时测得多种参数，为生物医学与临床检验学发展提供了一个全新的视角和强有力的手段。

流式细胞仪液流系统的结构如图 5-4 所示，特定波长的激光束直接照射到高压驱动的液流内的细胞，产生的光信号被多个接收器接收，一个是在激光束直线方向上接收到的散射光信号（前向角散射），其他是在激光束垂直方向上接收到的光信号，包括散射光信号（侧向角散射）和荧光信号。液流中悬浮的直径从 0.2~150μm 的细胞或颗粒能够使激光束发生散射，细胞上结合的荧光素被激光激发后能够发射荧光。散射光信号和

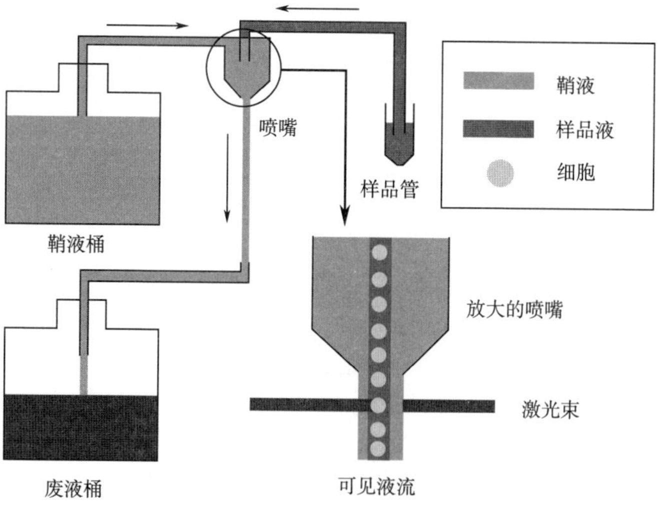

图 5-4　流式细胞仪液流系统的结构

荧光信号被相应的接收器接收，根据接收到的信号的强弱波动就能反映出每个细胞的物理化学特征。

巨噬细胞可以根据功能和活化作用分为 M1 型巨噬细胞和 M2 型巨噬细胞（图 5-5）。M1 型巨噬细胞抗原呈递活性强和分泌促炎细胞因子较多，如白细胞介素 1（IL-1）、IL-6、TNF-α 和活性氧（ROS）。M2 型巨噬细胞与 M1 型相反，分泌抗炎细胞因子，上调 IL-10 和 TGF-β。巨噬细胞活化在组织稳态以及炎症中起着关键的作用。不同因素会导致不同的表型和巨噬细胞活化状态，包括信号分子、生长因子、转录因子等，以及微环境信号，如细胞因子、细胞间接触物和代谢物。此外，面对微生物及其产物，如脂多糖（LPS），巨噬细胞可以调节自身活化状态。本实验中分别通过 LPS 和 IL-4 诱导 M1 型和 M2 型的巨噬细胞，通过对 M1 和 M2 型巨噬细胞表型相关指标的比较分析，可评价和鉴定巨噬细胞的表型，如 M1 型标志（CD16/32、IL-1β、IL-6、TNF-α、IL-12、NO 及 iNOS 等）、M2 型的标志（CD206/mrc-1、IL-10、Arg-1 等）。

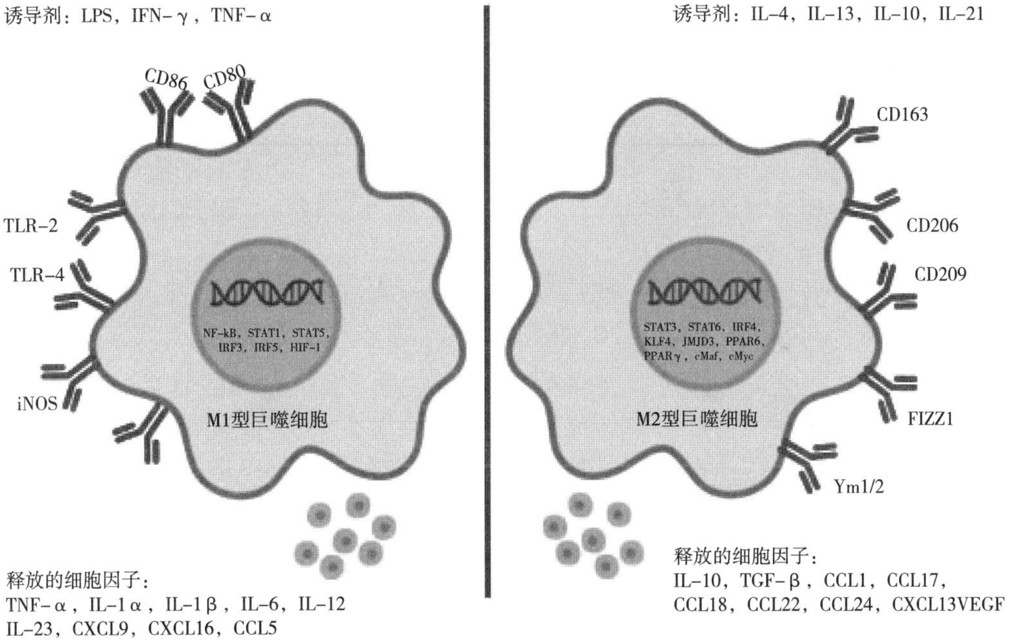

图 5-5 巨噬细胞极化的原理示意图

三、实验用品

1. 实验材料

小鼠腹腔巨噬细胞。

2. 实验试剂

LPS、IL-4、DMEM 基础培养基（无血清）、胎牛血清（FBS）、DMEM 完全培养基（含 10%胎牛血清）、0.25% 胰蛋白酶、磷酸盐缓冲液（PBS）、2% FBS/PBS、Fc-block

（1：1 00，BD Bioscience）、藻红蛋白（P-phycoerythrin，PE）偶联的 CD11c 流式荧光抗体、Brilliant Violet 421（BV421）偶联的 CD206 流式荧光抗体等。

3. 实验仪器

微量移液器、离心机、0. 22μm 滤膜、6 孔板、流式细胞仪、300 目尼龙网等。

四、实验步骤

小鼠腹腔巨噬细胞提取及极化诱导的细胞流式细胞仪分选流程如图 5-6 所示，具体如下：

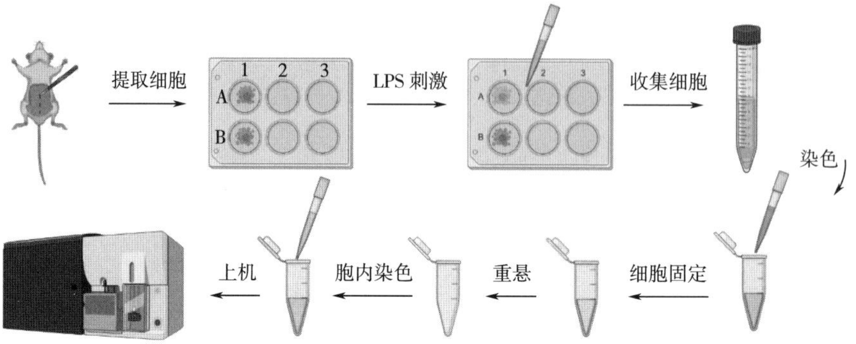

图 5-6 小鼠腹腔巨噬细胞提取及极化诱导的细胞流式细胞仪分选流程

（1）分离小鼠腹腔巨噬细胞，调整细胞浓度至 1×10^6mL，加入 6 孔板。

（2）M1 型极化诱导 LPS（1μg/mL，终浓度）加入培养液中。

（3）M2 型极化诱导 IL-4（10ng/mL，终浓度）加入培养液中。

（4）对极化巨噬细胞进行形态学观察 巨噬细胞极化后形态发生变化，向 M1 型方向极化的巨噬细胞呈长梭形，伪足较为细长；M2 型极化巨噬细胞伪足较短，细胞整体形态较为收拢。

（5）LPS 刺激 用 DMEM 基础培养基将 LPS 稀释至 1μg/mL 并按 500μL/孔加入孔板中，刺激细胞 6h。

（6）IL-4 刺激 用 DMEM 基础培养基将 IL-4 稀释至 10ng/mL 并按 500μL/孔加入孔板中，刺激细胞 6h。

（7）收集细胞 将细胞重悬于预冷的 2% FBS/PBS 中，收集细胞至 15mL 离心管，1000r/min 离心 5min，收集细胞沉淀。

（8）染色条件 首先 Fc-block 孵育（1μg/test；Bio Legend），4℃，5~10min；接着 F4/80、CD11b、CD86 表面染色，4℃，30min。

（9）细胞固定 PBS 洗涤细胞 2~3 次，加入细胞固定液（Fixation Buffer，500μL，420801，Bio Legend），室温避光固定 30min。

（10）细胞膜通透 150×*g* 离心 5min，弃掉固定液，加入 2mL 用双蒸水 10 倍稀释后的 10×细胞内染色透化洗涤缓冲液（421002，Bio Legend）重悬细胞，150×*g* 离心 5min

弃上清液，重复步骤 2~3 次。

（11）胞内染色　100μL1×细胞内染色透化洗涤缓冲液重悬细胞，加入 CD206 抗体（0. 5μg/tests，Bio Legend）室温避光孵育 30min。孵育完毕后，2mL1×细胞内染色透化洗涤缓冲液洗涤细胞 2~3 次，加入 500μL 细胞染色缓冲液重悬细胞，上机测试。

（12）数据处理　通过 Flow Jo software 进行分析。

五、实验结果

1. 记录利用 LPS/IL-4 刺激巨噬细胞后，细胞形态的变化。

2. 利用 Flow Jo software 分析 LPS/IL-4 刺激后小鼠巨噬细胞 M1/M2 型极化的影响，并作图。

六、注意事项

1. 荧光抗体孵育时要避光处理。染色液体要在 1~2h 内上机处理。

2. 上机检测时，必须重悬成细胞悬液后再检测，否则容易堵塞仪器管道；如果细胞过多或聚团严重，可先用 300 目（孔径 40~50μm）尼龙网过滤，然后再上机检测。

3. 样品如果不立即使用，应将小部分分装储存在-20℃冰箱，避免反复融冻。化冻时应在室温条件下充分解冻。

七、思考题

1. 简述流式细胞仪的构成。

2. 如何在流式图中区分 M1、M2 型区域？

第六章 实验样品的保存处理

CHAPTER 6

一、动物组织样品的保存

在适宜的温度和 pH 条件下，体外组织仍能在一定程度上进行代谢。在分子生物学实验中，体外组织常常被用来研究各种物质的代谢途径和酶系统的作用。DNA、RNA、酶和各种代谢物质也可以从组织中分离出来。因此，处理动物组织以满足实验要求是生物学实验的基本技能之一。

动物的各种组织和器官离体过久会发生变化，例如一些酶在长时间后会变性和失活，因此，当使用分离的组织进行代谢研究或提取材料时，必须尽快将其取出、提取和测定。宰杀动物并放血后，立即取出实验所需的器官或组织，去除外脂肪或结缔组织，用冰生理盐水冲洗血液，必要也可灌注清洗或挤压出血液，用滤纸吸干。

组织样品的保存方式主要有深低温和常温两大类。组织的低温冻存可以满足大多数现代检测技术的需要。深低温保存（-196～-80℃）已成为生物样品长期保存的一种被广泛接受的方法。目前，液氮保存被公认为是最可靠的样品保存方式，用于研究实验的标本，在新鲜取材后，可先用液氮冷冻，再置于-80℃冰箱中保存，有条件的实验室也可将标本置于液氮中长期保存。深低温保存方式也存在一定的缺点，如运输和操作不便、能源消耗大、空间利用率低等。因此，样品常温保存技术应运而生。例如，以 4%的甲醛溶液固定用于普通染色观察的标本常温保存；对动物组织福尔马林固定石蜡包埋；FTA（Flinders Technology Associates）滤纸保存核酸；对生物样品冷冻干燥后常温保存。但常温保存方式在保存生物样品时有些方面往往做不到兼顾。如组织福尔马林固定石蜡包埋易破坏酶活力，FTA 滤纸只可用于保存核酸，冻干法可保持组织酶活力及形态学特征，但对核酸的保存效果较差。

二、细菌样品的保存

人工制备和构建的菌种，其标准的保存是细菌培养工作的重要环节。在保存菌种的过程中，除了必须保证菌株的存活外，还应要求在保存过程中，保持其固有的各种生物学性状及抗原特性等。为此必须注意以下问题：①控制传代次数：菌种传代次数越多，其突变的概率也就会越高。②用典型菌落传代：为防止盲目传代，每次传种，均应做划线分离，选出具有典型性状的菌落进行传代，用于保存。③通过易感动物恢复固有特性：对于已变异的病原菌，可采用接种易感动物的方式，将具有毒力的细菌重新选择出来，同时还可使一些表型变异的细菌恢复原有特性。菌种的保存有以下几种方法。

1. 细菌保存于穿刺培养物中

一般细菌保存于穿刺培养物可以维持两年。具体方法如下：用灭菌接种针挑取分散良好的单菌落，针缓慢穿过琼脂到达瓶底，连续几次，盖上瓶盖拧紧，做好标记。室温下存放于暗处（最好可以将瓶盖放松一点，在适当温度下培养过夜，再拧紧瓶盖并加封 Parafilm 膜，室温或最好在 4℃避光保存。）

2. 细菌保存于含有甘油的培养物中

（1）在液体培养基中生长的细菌培养物　取 0.85mL 细菌培养物，加入 0.15mL 高压灭菌甘油，振荡培养物使甘油分布均匀，然后转移到标记好的保存管内，密封，在乙醇-干冰或液氮中冻结后再转至-70℃长期保存。在复苏时，用灭菌接种针刮取冻结的培养物表面，然后立即把黏附于接种针上的细菌划于含适当抗生素的 LB 琼脂平板表面，于 37℃过夜。

（2）在琼脂平板上生长的细菌培养物　从琼脂平板表面刮下细菌放入装有 2mL LB 的无菌试管内，再加入等量的含有 30%灭菌甘油的 LB 培养基，振荡使甘油完全分布均匀后，分装于无菌保存管内，密封，再按前述方法冰冻保存。这一方法的优点在于可用于保存在质粒载体上建立的 cDNA 文库。

通常是在保存的管子上环形贴一张小标签，简单标明菌种是什么，质粒是什么，有无外源基因片段，保存时期，如 pUC18-phyA/JM109/2003-11-27。同时应该有一个菌种保存记录本，上面应该详细记录每个菌种的详细资料。除上面提到的信息以外，至少还要包括：抗性、插入片段的长度和内容、相同菌种的管数等。以后每取走一管也要及时记录在案。

菌种的冻存与复苏的原则是慢冻速融，即冻存的时候要先-20℃，再-80℃，然后于液氮中或低温冰箱中，而复苏时直接将冻存的菌种放入 37℃水中快速融化。其原理是冻存细胞时一般加入保护剂甘油或 DMSO，可使冰点降低，在缓慢的冻结条件下，能使细胞内水分在冻结前透出细胞外，可避免因细胞的机械损伤、电解质升高、渗透压改变、脱水、pH 改变、蛋白质变性等导致细胞死亡。而融化细胞时速度则要快，使之迅速通过最易受损的-5~0℃以后，细胞活力不受损害，仍能生长增殖。

因为细菌细胞耐受能力强得多，所以：①从-80℃里拿出来的菌种，是否速融，影响不是很大；用接种环划线或吸头活化。②用完后先放-20℃，再保存在-80℃，也可用完后直接放-80℃。③其实菌种保存很简单，可一次保存很多管，建议每次用完一管后最好丢掉。

三、哺乳动物细胞样品的冻存

哺乳动物细胞冻存的主要目的是保存种子细胞，以便随时取用，同时可防止微生物污染和细胞之间的交叉污染导致的细胞损失，能够尽量减少细胞因传代培养而引起的遗传变异和形态改变，并避免有限细胞系发生老化和转化，从而降低细胞培养过程中的人力和物力消耗。在冻存前，应对细胞进行表征检查，并确保未受到污染。

1. 细胞冷冻保存液

常用于冷冻细胞的培养基有多种，通常包含基础培养基、冷冻保护剂和蛋白质源。冷冻保护剂和蛋白质可帮助细胞抵抗冻融过程带来的压力。常用的血清细胞冷冻保存液主要有以下两种：①10%DMSO+完全细胞生长培养液（20%血清+基础培养液）。②10%甘油+完全细胞生长培养液（20%血清+基础培养液）。

无血清培养基通常为低蛋白质含量或不含蛋白质，主要为50%细胞条件无血清培养基与含7.5%DMSO的50%新鲜无血清培养基。

2. 黏附（贴壁）细胞冷冻保存操作程序（液氮保存法）

（1）利用解离剂将细胞从基质中脱附。尽量温和地进行脱附，以尽可能减少对细胞的损伤。

（2）将脱附的细胞重悬于完全生长培养基中，并对活细胞计数。

（3）以约200×g的设置将细胞离心5min，得到细胞沉淀物。利用微量移液器尽可能移除上清液，而不扰动细胞。

（4）将细胞重悬于冻存培养基中，使得浓度为5×10^6~1×10^7个细胞/mL。

（5）分装于冻存管中。将冻存管放置于湿冰上或4℃冷藏冰箱内，并在5min内开始冷冻程序。

（6）应以1℃/min的速度缓慢冷冻细胞。这一步可使用可编程冷却器或将冻存管置于-90℃~-70℃冷冻冰箱的隔热箱中实现，然后转移至液氮中储存。

3. 悬浮培养细胞冷冻保存操作程序（液氮保存法）

（1）确定待冻存的活细胞数量。细胞应处于对数生长期。以200~400×g的设置将细胞离心5min，得到细胞沉淀物。利用微量移液器尽可能移除上清液，而不扰动细胞。

（2）将细胞重悬于冻存培养基中，使用含血清培养基时浓度为1×10^7~5×10^7个细胞/mL，使用无血清培养基时浓度为0.5×10^7~1×10^7个细胞/mL。

（3）分装于冻存管中。将冻存管放置于湿冰上或4℃冷藏冰箱内，并在5min内开始冷冻程序。

（4）以1℃/min的速度缓慢冷冻细胞。这一步可使用可编程冷却器或将冻存管置于-90℃~-70℃冷冻冰箱的隔热箱中实现，然后转移至液氮中储存。

4. 冷冻保存注意事项

（1）冻存细胞必须处在对数生长期，活力大于90%，无微生物污染。

（2）使用高浓度血清或蛋白保护剂。一般情况下，用于冷冻保存完全细胞生长培养液中血清浓度大于20%。

（3）使用合适的细胞冷冻保护剂，以保护细胞在冷冻过程中免受冰晶破坏。目前，最常用的冷冻保护剂是二甲基亚砜（DMSO），使用终浓度为5%~10%。但是，有些细胞系不能用DMSO作为冷冻保护剂，如人白血病细胞系HL-60。因为，DMSO能诱导HL-60细胞分化。在这种情况下，可选用其他冷冻保护剂，如甘油、羟乙基淀粉等。

（4）细胞在冷冻过程中在-20℃冰箱内放置时间不可超过1h，以防止冰晶过大而破坏细胞。

（5）DMSO稀释时会释放大量热量。因此，DMSO不能直接加到细胞液中，必须事先配制。

（6）DMSO必须是细胞培养级别的。新买的DMSO本身处于无菌状态，第一次开瓶后应立即少量分装于无菌试管或瓶中，4℃储存。避免反复冻融造成DMSO裂解产生有害物质。并可减少污染机会。如要过滤DMSO，必须选用耐DMSO的尼龙滤膜。

5. 冷冻保存细胞的解冻与复苏注意事项

（1）快速解冻　冻存细胞从液氮中取出后，应立即放入37℃水浴中，轻轻摇动冷冻管，使其在1min内全部融化（不要超过3min）。

（2）解冻操作过程动作要轻　由于冷冻保存过的细胞变得非常脆弱，不仅解冻速度要快，而且动作要轻。一般情况下，解冻后的细胞可直接接种到含完全生长培养液的细胞培养瓶中直接进行培养（1mL冻存细胞液加入到25~30mL新鲜完全培养液中），24h后再用新鲜完全培养替换旧培养液，以去除DMSO。如果，细胞对冷冻保护剂特别敏感，那么，解冻后的细胞应先通过离心去除冷冻保护剂，然后再接种到含完全生长培养液的培养瓶中。解冻冷冻保存细胞的离心方法如下：从液氮中取出冻存的细胞，立即放入37℃水浴中快速解冻；将1~2mL冻存细胞液加入到25mL新鲜完全细胞生长培养液中，轻轻混匀；用$800 \times g$离心2~3min，弃上清液；用完全生长培养液轻轻悬浮细胞团，并计数细胞；接种细胞到培养瓶中，起始密度为3×10^5个/mL。

（3）解冻时务必注意安全，预防冷冻管爆裂。要戴手套，用镊子将细胞冷冻管从液氮中取出，放入37℃水浴中。切不可直接用手，以免冻伤。冷冻管在水浴中解冻时，液面不可超过冻存管盖面，否则，易发生污染。

四、思考题

1. 不同类型的生物实验样品有哪些相似和不同的处理要求？
2. 生物实验样品在什么样的生长状态下保存为宜？
3. 生物实验样品的复苏有哪些注意事项？

第七章 CHAPTER 7

实验室工作人员的基本素质与行为准则

一、实验室工作人员的基本素质

实验室工作人员具有良好的道德素质和责任心，是做好实验室工作的前提条件。科学研究离不开合作，一个实验室内，更要学会互帮互助，自己的实验要尽职尽责，对于别人交代的事情，也应该用心完成，实验室中发现问题主动去解决。例如，发现公用试剂耗尽应及时主动地同订购者联系，确保试剂得到及时补充；pH 电极标准溶液脏污应主动重新配制。

实验室工作人员也应该具有良好的专业素质，最基本也是最重要的是要能够保障个人的生命健康，确保实验室安全。

实验室生物安全与我们的个人人身健康息息相关。此外，实验室一旦发生事故，极有可能会给人群、环境带来不可预计的危害。我们在工作中要严格遵守实验室安全制度，确保实验室有一个良好的生物安全环境，要不断学习相关法律法规，学习了解国家实验室生物安全管理相关的法律法规和方针政策，同时具备较高的业务素质。

二、实验室行为准则

1. 规范使用仪器设备

实验室中各种仪器设备是生物安全的硬件保证，熟悉各仪器的基本性能，包括操作、使用、维护保养等相关知识和要求，了解仪器设备在存放与使用时环境条件是否符合要求，是否处于良好的运行状态，包括仪器的标识状态（运行、待检、停用），仪器未良好运行将会给实验人员带来不安全的因素，造成实验数据的不准确或不可信。高压灭菌器（全自动、手动）都必须有专人操作并按操作说明使用，切忌违规操作。离心机、匀浆机、超声处理器、摇床、培养箱等是使用最频繁也是最易发生污染的地方，应更加注意。生物安全柜是操作感染性材料的一级安全防护屏障，当操作者不了解生物安全柜的使用操作知识、材料的摆放、消毒、维护、防护等，极有可能被产生的传染性气溶胶和溅出物所污染并殃及他人健康。只有了解了使用、维护安全常识才能发现安全隐患，并做到及时发现、及时纠正，以确保有一个安全的实验环境。

实验室中各种仪器也是实验的基本工具，实验室的每一个成员都离不开它们，都应该爱惜，以下是一些常用仪器的规范使用方式。

（1）离心机使用前严格平衡样品，安装好转子盖再进行离心。低温离心机使用时打开电源后预冷状态时要关好盖子，离心结束后若样品室内有结霜要打开盖子，将结霜融化并擦干净后才可关闭，否则会有冷凝水留在离心机内，下次开机使用时冻成冰块。

（2）pH 电极不可用蒸馏水、去离子水和纯水浸泡。如果 pH 读数偏大（±1），则是由于没有校正或电极变干。关机前，应将 pH 电极从溶液中取出。在关机状态下，在将电极浸入电极保存溶液之前，应将电极与仪器分离。

（3）灭菌锅使用时，堆放灭菌物品不可堵塞安全阀的出气孔。给液体灭菌时，瓶口不可使用未打孔的橡胶塞或者软木塞，特别要注意的是，在给液体灭菌结束时不可立即释放蒸气，必须等压力表指针回零后方可排放余气。不同类型的物品灭菌要求可能不同，需注意是否可放在一起灭菌。

（4）实验室冰箱不可频繁开关，也不能开着冰箱门进行某些实验操作，这样极易使冰箱温度不稳定，影响其他放置物品冻存效果，也会给同一实验室工作人员带来不便。

（5）实验剩余液体或者菌液不能全部放于冰箱备用，一是可能占用公共空间，二是存放时间过长，液体或多或少会有蒸发，造成浓度不准。

（6）部分公用仪器的使用需要预约登记，如高效液相色谱仪，需要记录使用日期、使用时间、使用泵头，注意使用前排气、使用前后冲洗，仪器状态有问题或仪器损坏要及时上报，让问题设备及时得到修理。不可隐瞒不报或推卸责任，这样不仅有损个人信誉，更会严重影响他人实验。

2. 避免不良实验习惯

除了要规范使用实验仪器设备，以下几点不良的实验习惯也要避免。

（1）囤积紧缺的实验材料和耗材，使其他人的硬件设施跟不上实验。例如，试剂、抗体和细胞培养板等物品似乎很常见，但要是被私人囤积窝藏，使用时会就会发现供应不足。

（2）弄乱实验共享区，如药品粉末倾撒后不及时清理，跑胶的水槽中乱扔垃圾等。这些脏乱物品可能具有毒性，其他人也不知道具体清理方法，无法在没戴手套的情况下触碰。

（3）擅动他人物品，当他人使用时发现物品丢失，严重影响实验进度。擅自翻看他人实验记录、结果，甚至擅自观察他人正在进行中的实验，如观察他人正在培养中的细胞，有些细胞培养需要绝对的静置，擅自观察可能会影响细胞的贴壁生长。

为了避免上述情况的发生和实验过程的停滞，实验人员之间要相互尊重。保持友好的实验室环境为保持实验室的正常运行奠定了坚实的基础。在实验室，合作伙伴之间应建立礼貌和良好的沟通方式，并制定一些基本规则，以保持实验室的顺利运行，减少冲突。

基于相互间的交流沟通，才会知道实验室其他成员在做什么，就更容易共享资源，实验安排也更加合理。例如，和实验室同学交流后得知他们刚刚进行了大量的 PCR 反应，如果自己想在接下来的一周内再操作 PCR 实验，就要先确保实验室内还留有足够的引物以及该实验所需的试剂，随后再决定是否要重新合成相应引物及订购试剂。或者另一个实验室成员正赶着完成蛋白质印迹分析，可询问他是否方便和自己共享一两个设备。

三、思考题

1. 实验室成员应该具备哪些基本素养？

2. 若未能按照上述标准履行好实验室成员的基本行为准则，会为自己和他人带来哪些不良影响？

APPENDIX

附　录

附录一　实验室常用试剂和培养基的配制方法

1. 细菌实验常用试剂和培养基配制

（1）1%DEPC 水　1mL DEPC（diethyl pyrocarbonate，焦碳酸二乙酯）加入 1000mL 新鲜三蒸水中，剧烈振荡 20min，使其充分混匀，37℃至少放置 2h 或过夜，HIRAYAMA HV-50 高压灭菌器高温高压 30min 降解 DEPC，4℃保存。

（2）LB 培养基　胰蛋白胨 1g/100mL，酵母膏 500mg/100mL，NaCl 1g/100mL，每个摇瓶分装 50mL，115℃灭菌 30min。

（3）LB 固体培养基　胰蛋白胨 1g/100mL，酵母膏 500mg/100mL，NaCl 1g/100mL，琼脂粉 20g/L，每个摇瓶分装 100mL，115℃灭菌 30min。

（4）100mg/mL 氨苄青霉素（Amp）（10mL）　取 1g 氨苄青霉素，溶解于 10mL 去离子水中，过滤除菌，分装至灭菌的 EP 管，于-20℃储存。

（5）1mol/L $CaCl_2$ 溶液　在 200mL 蒸馏水中溶解 54g $CaCl_2 \cdot 6H_2O$，用 0.22μm 滤器过滤除菌，分装成 10mL 小份储存于-20℃。

（6）0.1mol/L $CaCl_2$ 溶液　1mol/L $CaCl_2$ 溶液 10mL 定容至 100mL。

（7）0.1mol/L $CaCl_2$ 甘油溶液　1mol/L $CaCl_2$ 溶液 10mL，加入 15mL 甘油，定容至 100mL。

（8）IPTG 溶液　IPTG 为异丙基硫代-β-D-半乳糖苷（相对分子质量为 238.3），在 8mL 蒸馏水中溶解 2g IPTG 后，用蒸馏水定容至 10mL，用 0.22μm 滤器过滤除菌，分装成 1mL 小份，储存于-20℃。

（9）X-gal 溶液　X-gal 为 5-溴-4-氯-3-吲哚-β-D 半乳糖苷。用二甲基甲酰胺溶解 X-gal 配制成的 20mg/mL 的贮存液。保存于一玻璃管或聚丙烯管中，装有 X-gal 溶液的试管须用铝箔封裹以防因受光照而被破坏，并应储存于-20℃。X-gal 溶液无须过滤除菌。

2. 酵母实验常用试剂和培养基的配制

（1）0.5×TBE（pH 8.0）缓冲液 称量 Tris 54g，0.5mol/L EDTA（pH 8.0）20mL，硼酸 27.5g 置于 1L 烧杯中，向烧杯中加入约 800mL 的去离子水，充分搅拌溶解。加去离子水将溶液定容至 1L 后，室温保存。使用时稀释 10 倍成 0.5×。

（2）YPD 液体培养基 蛋白胨 20g/L，酵母抽提物 10g/L，自然 pH 下 121℃ 灭菌 20min，20g/L 葡萄糖须在 110℃ 下单独灭菌 15min 后加入其中，使得碳源最终浓度为 2g/L。

（3）YPD 固体培养基 在 YPD 液体培养基中加 15g/L 琼脂粉。

（4）YNB（Ura-）液体培养基 葡萄糖 20g/L，酵母氮碱（YNB）6.7g/L，腺嘌呤 0.04g/L，L-色氨酸 0.02g/L，L-亮氨酸 0.1g/L，调节 pH 至 5.6，121℃ 灭菌 20min。

（5）YNB（Ura-）固体培养基 在 YNB 液体培养基中加入 15g/L 的琼脂粉，调节 pH 至 6.5，121℃ 灭菌 20min。

（6）10×醋酸锂（pH 7.5） 1mol/L 醋酸锂 10.202g 溶解在 100mL 水中，用醋酸调节 pH 至 7.5，121℃ 灭菌 20min。

（7）10g/L 鱼精 DNA（载体 DNA） 精密称取鱼精 DNA 0.10g，置 10mL 称量瓶中，用 TE 缓冲液溶解并稀释至刻度，摇匀。用 7 号针头反复抽打以剪切 DNA 成为小分子，分装后储存。

（8）500g/L PEG3350 称取 PEG3350 50g，用已灭菌的三蒸水定容到 100mL。可用 50℃ 水浴助溶，PEG 易吸水，不可灭菌

（9）1.5mol/L（pH 8.8）Tris-HCl 缓冲液 称取 Tris18.2g，加入 50mL 水，用 1mol/L 盐酸调 pH 至 8.8，最后用双蒸水定容至 100mL。

（10）1.0mol/L（pH 6.8）Tris-HCl 缓冲液 称取 Tris12.1g，加入 50mL 水，用 1mol/L 盐酸调 pH 至 6.8，最后用双蒸水定容至 100mL。

（11）100g/L SDS 称取电泳级 SDS 10g，加双蒸水，68℃ 助溶，浓盐酸调 pH 至 7.2，定容至 100mL。

（12）100g/L 过硫酸铵（AP） 称取 0.1gAP，加入双蒸水 1mL，4℃ 保存一周。最好现用现配。

（13）5×聚丙烯酰胺凝胶电泳缓冲液（pH 8.3） 在 900mL 双蒸水中加入 Tris 碱 15.2g，待溶解后，加甘氨酸 94g，最后加 SDS 5g，盐酸调 pH 到 8.3，定容至 1000mL。

（14）2×SDS 加样缓冲液 1mol/L Tris-HCL（pH 6.8）1mL，二硫苏糖醇（DTT）0.308g，100g/LSDS 4mL，溴酚蓝 0.02g，甘油 2mL，定容至 10mL。置 4℃ 避光保存或 -20℃ 保存。

（15）转膜缓冲液 双蒸水将甘氨酸 2.9g，Tris 5.8g 和 SDS 0.37g 溶解后，加甲醇 200mL，最后定容至 1000mL。

（16）0.01mol/L TBS 缓冲液 一袋粉制 TBS 缓冲液加 1000mL 双蒸水。

（17）漂洗液（TBST 缓冲液） 20%Tween1.65mL，加 1‰TBS 缓冲液 700mL。

（18）考马斯亮蓝 G250 染液 90mL 甲醇：水（1：1，体积比）和 10mL 冰乙酸的混合液中溶解 G250 考马斯亮蓝 0.25g，用 Whatman1 号滤纸过滤染液以去除颗粒状物质。

（19）考马斯亮蓝洗脱液 90mL 甲醇：水（1：1，体积比）和 10mL 冰乙酸的混合液。

3. 细胞实验常用试剂和培养基的配制

（1）DMEM 培养基 完全培养基的组成为：10%胎牛血清+1%双抗（青霉素+链霉素）+89%DMEM 基础培养基。取 50mL 离心管，吸取 5mL 胎牛血清加入离心管中，加入 500μL 双抗，将 DMEM 基础培养基加至 50mL 刻度线。

（2）DMEM 细胞冻存液 细胞冻存液的组成为：50%胎牛血清+40%DMEM 基础培养基+10% DMSO。细胞冻存液现用现配。每个冻存管需要 1mL 冻存液，首先计算需要的冻存液的量，细胞一大皿长满可以冻存 3 管。如共需要配制 6mL 冻存液，则将 3mL 胎牛血清、2400μL DMEM 基础培养基及 600μL DMSO 混合。

（3）MTT 溶液 从 4℃冰箱中取出噻唑蓝粉末，在 15mL 离心管中，称取 50mg 噻唑蓝粉末于 10mL PBS 中，超声振荡至完全溶解。在超净工作台中将该溶液过 0.22μm 的膜，分装备用，置于-20℃冰箱中避光保存。使用 MTT 溶液时，先将上述溶液化冻，和 DMEM 基础培养基以 1：9 的比例稀释。

（4）紫杉醇溶液 称取 10mg 紫杉醇于 1.5mL EP 管中，加入 1mL DMSO 使粉末完全溶解，得到澄清透明的 10mg/mL 的紫杉醇溶液。当需将该紫杉醇溶液用于细胞实验时，在超净工作台中，取 100μL 该紫杉醇溶液加入新的 EP 管中，分别再加入 100μL DMSO 和 800μL DEME 基础培养基，混合成澄清溶液，可以超声振荡，由此可配得 1mg/mL 的紫杉醇药物母液，4℃冰箱保存备用。按所需浓度要求稀释该药物母液用于细胞实验。

附录二　生物类废弃物的处理方法

生物类废弃物应根据其病源特性，合理选择合适的容器和地点，专人分类收集，进行消毒、烧毁处理，日产日清。

(1) 一次性使用的制品如手套、帽子、工作服、口罩等用后放入黄色垃圾袋中集中处理。

(2) 可重复利用的玻璃器材如片、吸管瓶等以 1000～3000mg/L 有效氯溶液浸泡 2～6h，然后清洗重新使用，或者废弃。

(3) 盛标本的玻璃、塑料搪瓷容器可煮沸 15min 或者用 1000mg/L 有效氯漂白粉澄清液浸泡 2～6h，消毒后用洗涤剂及流水刷净、沥干；于微生物培养的压力蒸汽灭菌后使用。

(4) 微生物检验接种培养过的琼脂平板，应压力灭菌 30min，趁热将琼脂倒弃处理。

(5) 尿、唾液、血等生物样品，加漂白粉搅拌后作用 2～4h ，倒入化粪池或厕所，进行焚烧处理。

参考文献

［1］王忠良. 分子生物学基础实验教程［M］. 上海：上海交通大学出版社，2019.

［2］任林柱，张英. 分子生物学实验原理与技术［M］. 北京：科学出版社，2015.

［3］魏春红，门淑珍，李毅，等. 现代分子生物学实验技术［M］. 2版. 北京：高等教育出版社，2012.

［4］徐小静. 分子生物学与基因工程技术和实验［M］. 北京：中央民族大学出版社，2018.

［5］杨清，余丽芸. 分子生物学与基因工程实验技术［M］. 北京：中国农业大学出版社，2014.

［6］王彦芹，罗晓霞，张锐，等. 现代分子生物学实验指导［M］. 西安：西安交通大学出版社，2016.